세상을 바꾸는 힘

물리학자 셜리 앤 잭슨

Strong Force : The Story of Physicist Shirley Ann Jackson

This is a translation of *Strong Force : The Story of Physicist Shirley Ann Jackson*, Diane O'Connell; Joseph Henry Press, an imprint of The National Academies Press.

세상을 바꾸는 힘

물리학자 셜리 앤 잭슨

다이앤 오코넬 지음 | 한국여성과총 교육홍보출판위원회 옮김

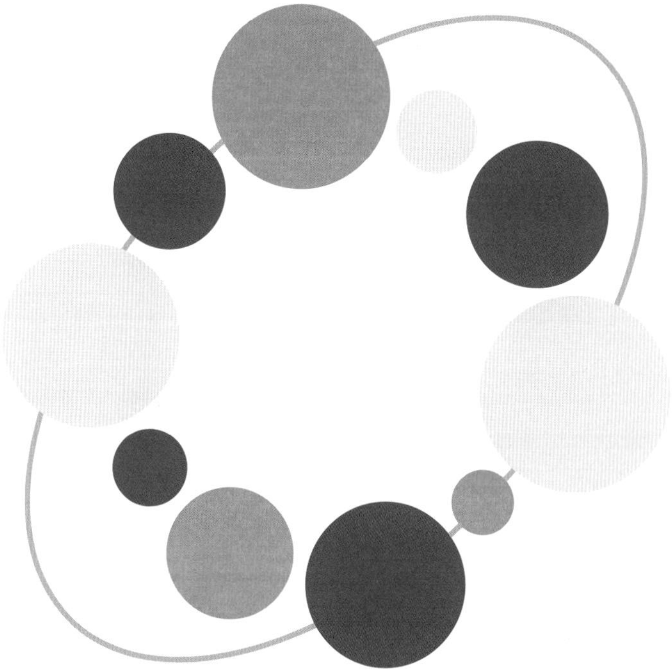

해나무

시리즈에 대하여

이 시리즈에 나오는 이야기는 실존 여성들과 그들의 탁월한 과학적 업적을 다루고 있다. 이 여성들 중 어떤 이들은 아주 어린 나이부터 과학자가 되고 싶다는 것을 알았고, 어떤 이들은 한참 후에야 깨달았다. 어떤 이들은 업적을 쌓아가는 과정에서 개인적·사회적 장애를 극복해야 했고, 어떤 이들은 좀 더 단순하고 순탄한 길을 따랐다.

배경과 살아온 이야기는 다르지만 여기에 나오는 비범한 여성들은 하나같이 중요한 신념을 갖고 있었다. 자기가 하는 일이 매우 중요하며, 그 일이 세상을 더 좋은 곳으로 만들 수 있다는 신념이다.

수많은 여타 전기물과 달리 이 시리즈는 현역에서 활동하는 과학자들의 삶의 연대기다. 이 여성들은 다양한 방식으로 이 책을 만드는 데 참여했다. 자신의 인생에서 중요한 세부 사항을 공유했고, 예시 자료로 쓸 수 있게 개인의 사사로운 사진들을 내놓았으며, 가족이나 친구, 동료들이 인터뷰에 응하도록 요청했고, 독자의 관심을 끌 수 있도록 자신의 전문성을 살려 과학적으로 설명해주었다.

이 시리즈는 새러 리 슈프Sara Lee Schupf와 미국 국립과학원의 전폭적인 도움이 없었다면 성사되지 못했을 것이다. 개인으로서나 조직으로서나 이들은 세상을 이해하려면 과학을 추구하는 게 중요하다는 신념으로 뭉쳐 있었다. 이들은 혁신적인 과학자가 된 지적 호기심이 많은 인물들의 이야기가 독자들에게 즐거움과 깨달음을 제공하기를 바란다. 그리고 이 이야기들이 비슷한 꿈을 좇는 재능 넘치는 이들에게 영감을 불어넣기를 희망한다. 과학 분야의 직업에 도전하는 것은 대단한 일이며, 나아가 그 보답은 훨씬 더 클 것이다.

차례

머리말

보이지 않는 세계로의 탐험

어떤 탐험가는 우주로 나가고, 어떤 탐험가는 바다 깊은 곳에서 잠수하거나 산악이나 열대 우림을 탐험한다. 셜리 앤 잭슨Shirley Ann Jackson 역시 우주를 탐구하지만, 다른 관점에서 작은 규모의 우주를 다룬다. 그녀는 미시 세계를 탐구하는 물리학자이며, 우주의 가장 작은 원소들, 즉 모든 물질을 구성하는 입자를 연구한다.

볼 수 없는 것들을 연구하는 것이 그토록 흥미로운 이유는 무엇일까? 그 작은 입자 중 하나를 쪼개는 것은 치명적인 파괴를 일으킬 수도 있고, 우리가 일하고 놀며 살아가는 방식을 바꾸는 강력한 힘으로 사용될 수도 있다.

과학적 전문성과 새로운 도전을 받아들이는 강한 의지에 힘입어, 셜리의 경력은 흥미진진한 방향으로 움직였다. 산업계에서, 그녀는 최첨단 기술을 연구함으로써 재료가 우리의 일상생

활에서 더 유용하게 사용될 수 있는 방법을 발견했다. 1995년 빌 클린턴Bill Clinton 전 대통령은 셜리에게 원자력규제위원회Nuclear Regulatory Commission 위원장을 맡아달라고 요청했고, 그녀는 미국뿐만 아니라 전 세계 대중의 안전을 보장하기 위해 전면적인 변화를 시도했다. 또한 셜리는 렌셀러 폴리테크닉 대학교Rensselaer Polytechnic Institute, RPI의 총장으로서 차세대 과학자들을 길러내기 위해 특유의 맞춤형 기회를 제공하고 있다.

셜리 앤 잭슨은 어떻게 그렇게 많은 것을 성취할 수 있었을까? 그녀는 우리 주변에 숨겨진 비밀을 밝혀내고자 하는 호기심과 열정으로 그녀가 간절히 원하는 것을 하나둘 실현시키기 시작했다.

셜리에게는 세상이 온통 수수께끼였고,

살아 있는 생명체들은 그 수수께끼를 푸는 실마리를 제공했다.

어릴 적의 셜리.

1장

벌의 비밀

셜리 앤 잭슨은 자기 집 정원에서 큼직한 장미덤불을 끈기 있게 바라보며, 뜨거운 태양 아래에 서 있었다. 아직 이른 아침이었지만, 서서히 더워지기 시작하던 참이었다. 코가 간질간질해지면서, 재채기가 나오려고 했다. 겨우 열 살인 셜리는 여러 가지 알레르기 증세에 시달렸다. 그중에는 꽃가루 알레르기도 있었다.

그러나 요즘, 셜리는 워싱턴 D.C.에 있는 자기네 집의 정원에만 관심이 있는 것이 아니었다. 중요한 일을 해야 했다. 벌을 관찰하는 일이었다.

큰 호박벌 한 마리가 장미덤불로 날아들자, 셜리는 새로운 것에 대한 기대감으로 잔뜩 긴장했다. 그 벌은 원하는 장소를 찾을

어린 여자아이 셜리는 벌의 움직임에 큰 관심이 있었다. 벌들이 벌집 안에서 꿀을 만들고 있다.

때까지 덤불 여기저기를 쏘다녔다. 그리고는 활짝 핀 꽃 한가운데에 앉았다. 셜리는 그 호박벌이 꽃의 꿀을 빨아 마실 때 미세하게 떨리는 벌의 몸통을 쳐다보였다.

조심스럽게, 아주 조심스럽게 그녀는 벌이 앉아 있는 꽃을 향해 손을 뻗어 꽃잎을 감쌌다. 그녀는 잠깐 숨을 멈추고, 다른 한 손으로 꽃을 꺾었다. 꽃잎 안에서 도망치려고 날개를 열심히 버둥거리는 벌의 움직임이 느껴졌다. 셜리로서는 놀랄 일도 아니다. 여덟 살 때부터 이런 식으로 벌을 많이 잡았기 때문이다. 지금, 무엇을 해야 하는지 정확히 알고 있었다.

그녀는 벌이 들어 있는 꽃을 빈 마요네즈 병에 담았다. 그러고는 그 벌이 자기가 어디에 있는지 알아채기 전에 재빨리 뚜껑으로 마요네즈 병을 닫았다. 그 뚜껑에는 벌이 숨을 쉴 수 있게

꿀벌과 식물은 서로에게 이익을 주는 공생 관계다. 벌은 꽃에서 꿀을 얻고, 벌은 이 꽃 저 꽃을 돌아다니며 수분을 시키기 때문에 식물의 번식이 가능하다.

미리 작은 구멍들을 뚫어놓았다.

그녀는 벌이 들어 있는 마요네즈 병을 가지고 집 뒤편의 나무 현관으로 갔다. 그녀는 어둡고 시원한, 벌 표본을 보관하기에 가장 적합한 장소인 현관 아래로 들어갔다. 셜리의 눈이 어두컴컴한 환경에 적응하자, 그녀는 선반에서 새 표본을 놓을 장소를 골랐다. 다른 병 두 개 사이에 놓으면 될 것 같았다. 병 하나에는 땅말벌 세 마리와 말벌 한 마리가 들어 있었고, 다른 하나에는 말벌과 호박벌이 한 마리씩 들어 있었다. 여름은 고작 반 정도가 지나갔지만, 그녀는 벌써 어머니가 깨끗이 씻어준 병에 열두 마리의 벌을 채집해놓은 상태였다.

벌의 행동

어떤 사람들은 어린 소녀가 벌을 채집하는 것을 보고 기이한 버릇이라고 생각할 것이다. 벌은 사람을 쏘기 때문에 아이들 대부분은 벌을 무서워한다. 놀랍게도, 셜리는 단 한 번도 벌에 쏘인 적이 없다. 셜리의 벌 수집은 다른 아이들이 인형이나 구슬을 모으는 것과는 목적 자체가 달랐다. 그녀는 벌의 행동을 이해함으로써 자연의 비밀을 풀고자 했다.

셜리에게는 세상이 온통 수수께끼였고, 살아 있는 생명체는 이 수수께끼를 풀어주는 실마리를 제공했다. 그녀는 벌을 연구 대상으로 정했다. 벌들은 주변에서 쉽게 볼 수 있어 표본으로 쓰기에 좋았다. 또 그놈들이 잡아 가두기 쉬운 존재라는 이유도 한몫했다.

셜리는 벌에 대해 몇 가지 궁금한 점이 있었다. 예를 들어, 벌이 특정 음식을 먹으면 어떻게 행동하는지 알고 싶었다. 그걸 알아내려고, 벌을 잡을 때 여러 방법을 시도했다. 그녀는 벌이 꽃잎의 가장자리에 앉을 때까지 기다렸다.

그러고 나서 병의 한쪽 면과 뚜껑을 이용해 꽃을 꺾지 않고도 벌을 병 안에 가두었다. 또한 그녀는 벌이 먹는 음식에 설탕 같은 다른 음식을 추가해서 벌에게 먹여보기도 하고, 그런 다음 벌의 행동을 관찰하기도 했다.

처음에는 벌을 같은 종류끼리 모아두었다가, 나중에는 다른 종과 같이 놔두면 어떻게 행동할지 궁금해졌다. 그녀는 여러 종류를 섞어보기로 하고, 호박벌과 땅말벌, 말벌과 호박벌, 땅말벌과

집 주변에 있는 꽃과 덤불은 셜리의 벌 연구에 표본을 계속 조달해주는 공급처였다.

말벌을 같이 놔두었다. 처음에 호박벌이 제일 공격성을 띠기도 했지만, 시간이 지나자 모든 종이 서로 화합하며 살았다.

또 셜리는 벌들이 어두운 곳에서 오랜 시간 또는 짧은 시간을 보내면 어떻게 행동할지 무척 궁금했다. 처마 밑은 오랫동안 어두운 공간이었다. 셜리는 낮에 벌들을 꺼내서 밝은 빛 아래에서는 어떻게 행동이 달라지는지 유심히 관찰하기도 했다.

훌륭한 과학자가 그렇듯이, 셜리는 관찰한 내용을 자세하게 기록했다. 그 데이터를 분석해보니, 흥미로운 사실이 드러났다. 예컨대, 벌들은 대개 24시간마다 주기적인 리듬이나 행동 패턴을 반복했다. 셜리는 벌에게 빛을 노출시키는 시간을 조절함으로써 그 리듬을 바꿀 수 있다는 사실도 알아냈다. 만약 벌이 대낮에도 처마 밑의 어두운 곳에 놓여 있다면, 벌들은 한밤중인 것처럼 행동했다.

벌들에게 배운 교훈

놀랍게도, 벌들이 셜리에게 가르쳐준 가장 중요한 것은 과학 지식이 아니라, 삶 자체에 관한 교훈이었다. 셜리는 살아 있는 모든 존재는 갇혀 있는 것을 싫어한다는 사실을 알게 되었다. 벌이 처음 갇혔을 때, 벌들은 병에 부딪치며 탈출을 시도했다. 시간이 지나자 벌들은 점점 소극적으로 변해간다. 셜리가 벌들을 풀어줘야겠다는 생각이 든 것도 바로 이때였다. 그러나 때는 이미 늦었다. 벌은 좁은 환경에 적응했고, 때로는 셜리가 뚜껑을 열어놓아도 바로 병을 떠나가지 않았다. 마치 포기해버린 것 같았다. 셜리는 벌이 떠나갈 때까지 병을 며칠간 열어두었다.

셜리는 자라면서, 벌이 가르쳐준 교훈이 사람 사는 세상에도 고스란히 적용된다는 것을 알게 되었다. 사람도 벌처럼 자기가 처한 공간과 제한된 가능성에 금방 적응하고 만다. 갇혀 있는 벌

셜리의 어머니 비어트리스 코스비 잭슨은 자녀들이 유치원에 가기 전에 읽는 법을 가르쳤다. 사진에는 자녀 네 명 가운데 세 명만 나왔다. (왼쪽 위부터 오른쪽으로) 글로리아, 조지, 셜리.

인종차별 법안은 흑인이 백인과 같은 시설을 사용하는 것을 금지했다. 제한을 뜻하는 표지판은 식수대, 화장실, 식당, 기차 대합실, 버스 정류장 등 어디에나 걸려 있었다.

이 그랬듯이, 사람도 시도 자체를 하지 않고 포기해버린다.

셜리의 부모 역시 이런 현실을 너무 잘 알고 있었다. 우체국 관리자인 아버지 조지 H. 잭슨George H. Jackson과 사회복지사인 어머니 비어트리스 코스비 잭슨Beatrice Cosby Jackson은 1950년대에 가정을 꾸린 아프리카계 미국인이었다. 그들은 흑인 아이들이 겪는 차별 대우를 허구한 날 보았다. 그 당시 미국에서 시행되던 인종차별 정책에 따르면 흑인은 백인과 같은 시설을 쓸 수 없었다. 아프리카계 미국인은 당연히 학교를 따로 다녀야 했고, 식수대를 같이 쓸 수 없었으며, 화장실도 따로 쓰고, 버스에서는 뒷좌석에 앉아야 했으며, 백인이 출입하는 식당에서는 칸막이 쳐진 곳에서 식사를 해야만 했다.

잭슨 가족은 바너드 공립 초등학교에서 얼마 떨어지지 않은 곳에 살았지만, 어쩔 수 없이 몇 킬로미터나 떨어진 파크뷰 초등학교에 아이들을 입학시켜야 했다. 그곳은 흑인만 다니는 학교였다. 불편함은 이루 말할 수 없었다. 스쿨버스도 운행하지 않았기에 매일매일 아이들 등하교는 각자 알아서 해결해야 했다.

셜리가 사는 동네의 주민들은 승용차 함께 타기를 시행했다. 한 아버지가 아침에 여러 아이를 학교에 데려다주면, 저녁에는 다른 아버지가 학교에서 아이들을 데려오는 식이었다. 매번, 아

셜리가 존경하는 인물 중 한 명은 벤저민 베네커(1731~1806)였다. 그가 이룩한 많은 성과 중 하나는 『농부 연감*farmer's almanacs*』 여섯 권을 발행한 것이었다. 그 연감에는 벤저민이 직접 계산한 바다의 조수, 의약품과 처방, 일식에 관한 내용 등이 수록되었다.

이들을 학교에 데려다줄 때마다 백인 전용 학교를 지나쳤다.

인종차별 정책은 현실이었지만, 셜리의 부모는 네 자녀, 바버라, 셜리, 글로리아, 조지가 자신들의 잠재적 가능성을 펼치기 위해 노력해야 한다고 굳게 믿었다. 그들은 성공하려면 교육이 필수적이라는 것을 알았다. 아버지는 자주 이렇게 말했다. "별을 목표로 삼거라. 그래야 나무 꼭대기에 닿을 수 있고, 최소한 땅은 벗어날 수 있단다."

부모님 두 분 다, 아이들의 흥미를 불러일으키는 교육 활동을 장려했다. 비어트리스는 한평생 문학을 사랑했고, 매일 밤 아이들에게 책을 읽어주었다. 셜리가 좋아하는 책 중 하나는 벤저민 베네커의 자서전이었다. 1731년에 태어난 벤저민 베네커는 아프리카계 미국인 노예의 아들이자, 독학으로 시계공, 천문학자, 수학자가 되었다. 워싱턴 D.C.에 있는 셜리네 동네를 건설할 때, 베네커는 땅을 측량하고 도로를 계획하고 건물을 지을 장소를 선택하는 데 기여했다. 셜리는 편견이 팽배한 시대인데도 자신의 역량을 펼친 베네커라는 인물에 감명을 받았다.

고카트 경주

셜리의 어머니가 문학과 사랑에 빠져 있는 동안, 아버지는 수학과 과학에 자기 재능을 쏟았다. 아버지는 고등학교 교육만 받았지만, 수학이나 기계공학 지식에 대한 갈망이 컸고, 수학과 기계공학에 천부적인 재능도 있었다. 그는 이런 재능을 제2차 세계대전 중에 활용했다. 당시 연합군이 프랑스 노르망디에서 상륙 작전을 벌일 때였는데, 바다에서 육지로 군인을 실어 나르던 수송선이 조타 장치를 잃어버렸다. 만약 적군이 불을 지를 경우 큰 피해를 입을 수밖에 없는 상황이었다. 셜리의 아버지는 금속 몇 조각으로 이 수송선에 맞는 조타 장치를 만들었고, 그 덕분에 군인들은 안전하게 보호받을 수 있었다. 이 공로로 아버지는 동성Bronze Star 훈장과 특별 표창장을 받았다.

제2차 세계대전에서 쌓은 공로로, 셜리의 아버지 조지 잭슨(오른쪽)은 벤저민 데이비스 장성으로부터 동성훈장과 특별 표창장을 받았다. 벤저민 데이비스는 미국 역사상 아프리카계 미국인으로서는 처음으로 장성이 된 인물이다.

아버지는 수학 계산을 암산으로만 해서 자녀들을 놀라게 했다. 또한 자동차 엔진을 새로 개조하는 일부터 가족이 일할 만한 지하

셜리는 형제자매 중 둘째였다. 왼쪽부터 바버라, 셜리, 글로리아, 조지.

실을 마련하는 것까지 다 손수 했는데, 아버지는 상상할 수 있는 모든 도구를 작업장에 갖추고 있는 듯했다. 그는 자녀들에게도 이런 도구를 사용하라고 권유했다.

조지 잭슨은 일상생활에 즐거움을 안겨줄 만한 '과학 원리 사용법'을 자녀들에게 신이 나서 알려주기도 했다. 아버지는 셜리와 여동생 글로리아에게 비누상자 고카트gocart, 즉 '개조자동차hot rods'를 만드는 방법을 가르쳐주었다. 나무로 만든 이 차량은 이곳저곳에서 모은 부품들로 이루어졌다. 이 차는 약간의 힘을 가해

언덕에서 밀면 잘 굴러다녔다.

셜리와 글로리아는 직접 개조자동차를 만들어보았다. 먼저 나무 널빤지부터 준비하고, 동네를 돌아다니며 바퀴, 파이프, 볼트, 페달 등 부품으로 쓸 만한 재료를 찾았다. 가장 힘든 부품은 조향 장치였다. 셜리는 온갖 방법을 동원해 조향 장치를 만들어보려 했는데, 결국 자전거 핸들을 사용하는 것으로 결정했다. 셜리가 만든 물건은 썰매와 수레의 중간쯤 되는 모양이었다.

천성적으로 리더십이 강했던 셜리는 동네 아이들을 모아 고카트 경주를 개최했다. 동네는 언덕에 위치해 있었기에 중력을 이용하여 고카트를 움직이는 것이 가능했다. 아이들은 자신들의 개조자동차로, 골목길 경주에 출전할 준비를 마쳤다.

얼마 지나지 않아, 셜리는 경주에서 이길 만큼 빠른 고카트를

셜리는 종종 워싱턴 D.C.에 있는 집 현관 앞에서 책을 읽으며 시간을 보냈다.

만드는 방법을 알아냈다. 이는 바퀴에 달린 베어링뿐만 아니라 축과 바퀴를 선택할 때 더욱 주의를 기울여 만들어야 한다는 뜻이었다. 또한 디자인의 가장 중요한 요소인 날렵함과 고카트 몸체의 모양에 각별히 신경 썼다.

셜리는 고카트의 몸체의 앞부분을 뒷부분보다 얇게 만든다면, 공기가 보다 쉽게 지나간다는 점을 알았다. 이렇게 공기역학을 고려해서 고카트의 몸체를 만들면 공기의 저항을 줄여 더 빨리 움직이게 할 수 있다. 셜리는 그 당시에는 깨닫지 못했지만, 고카트를 만들 때면 항상 이런 방식으로 만들었다. 이런 디자인 요소를 결정하는 배경에는 물리학, 즉 물질과 에너지를 다루는 과학을 기초로 하고 있었다.

셜리는 경주에서 이기는 것을 좋아했다. 그래도 그녀가 가장 좋아했던 것은, 어떤 재료와 디자인 요소가 속도와 효율성을 높이는지 알아내는 데 있었다. 또 경주를 시작하기 전, 최대의 속도를 내려면 고카트를 어디에 위치시켜야 좋을지 고민하는 것도 좋아했다. 이런 모든 것들을 하면서, 셜리는 물리학을 현실에 적용시키는 법을 배웠다. 또한 그녀는 리더십에 관한 소중한 깨달음도 얻었다.

고카트 경주 덕분에 셜리는 또 다른 교훈도 얻었다. 셜리가 경주를 이기자, 동네 아이들 중 한 명이 질투심에 휩싸여 잭슨의 고카트를 두 동강냈다. 글로리아는 너무 슬펐다. 셜리 역시 화가 났

셜리는 일요일에 예쁜 드레스를 입고 가족과 함께 교회에 가는 것을 좋아했다.

지만, 온 정성을 다해 만든 작품이 망가졌기 때문만은 아니었다. 그녀는 자기 가족이나 친구가 상처를 받거나, 공정하지 않게 대우받는 것을 무척 싫어했다.

셜리는 무엇을 해야 하는지 곰곰이 생각해보았다. 비록 싸움에서 뒤로 물러서는 것은 싫었지만, 그녀는 현명한 복수란 상대방과 똑같아지는 것이 아니라 뛰어넘는 것이라는 사실을 알 만큼 똑똑한 아이였다.

마음을 가다듬은 후, 그녀는 아버지에게 가서 고카트를 다시 만드는 것을 도와달라고 부탁했다. 어느 날, 이 소녀들은 집으로 돌아와 고카트를 다시 만들었고, 다시 경주에 나가기를 반복했다.

셜리는 아직 어린 소녀였지만 상처를 극복하는 방법을 알았고, 그녀 앞에 있는 장애물을 그대로 놔두는 법이 없었다. 그녀에게는 인내력도 있었다. 이렇게 셜리는 강한 내면의 힘과 당당한 태도로 인생에서 마주치는 도전과 장애물을 헤쳐 나갈 수 있었다.

정지한 물체와 움직이는 물체

지구 상에 존재하는 여느 다른 물체처럼, 셜리의 고카트는 물리학의 기본 개념인 뉴턴의 운동 법칙에 기반을 둔 것이었다.

뉴턴의 운동 제1법칙은 정지한 물체는 외부에서 힘이 가해지지 않는 한 정지 상태를 유지한다는 것을 말한다. 고카트의 경우, 셜리는 경주를 시작하는 출발선에서 중력(또는 누군가 고카트를 밀어주는 힘) 같은 게 작용하지 않을 때 카트를 어느 위치에 두어야 하는지 알았다.

뉴턴의 운동 제2법칙은 가속도와 질량의 관계에 대해 설명한다. 이 법칙에 따르면 질량이 큰 물체일수록 그 움직임을 바꾸는 데 더 큰 힘이 필요하다. 이 말은 힘이 셀수록 가속도도 역시 커진다는 것을 의미한다.

그렇다면 이것은 셜리에게 무슨 의미로 다가왔을까? 그녀는 자기 고카트를 너무 크게 만들면 출발선에서 큰 힘으로 고카트를 밀어야 한다는 것을 알고 있었다. 또한 그녀는 출발선에서 고카트를 미는 것이 경주에서 중요하다는 걸 알았다. 미는 힘이 클수록, 고카트가 언덕 밑으로 굴러 내려가는 속도가 빠르기 때문이다.

뉴턴의 운동 제3법칙은 모든 작용이 일어날 때는 이 작용과 똑같은 힘으로 반작용이 일어난다는 것을 말한다. 이 법칙은 셜리의 고카트가 경로를 이탈해 다른 카트와 부딪치는 경우에 그 모습을 드러낸다!

셜리는 똑똑할 뿐만 아니라,

타고난 리더였다.

셜리는 1964년에 고등학교를 반에서 일등으로 졸업했다.

2장

별을 목표로

셜리 앤 잭슨은 제2차 세계대전 직후의 '베이비 붐' 세대로, 1946년 8월 5일에 태어났다. 그녀가 한창 성장하던 1950년도에는 그녀의 삶에 크게 영향을 끼친 두 가지 역사적인 사건이 일어났다.

첫 번째 사건은 셜리가 초등학교 3학년일 때 일어났다. 미국 내 인종차별에 대항하는 싸움은 수년간 폭력 양상으로 치달았다. 사람들은 대체로 흑인과 백인이 동등한 시설을 갖춘 학교나 화장실을 쓰기만 한다면, 인종에 따른 공간의 분리는 괜찮다고 생각했다. 하지만 사실, '유색 인종 전용' 학교는 거의 대부분 '백인 전용' 학교에 비해 열등한 학교였다. 1954년 5월 17일 미국연방대법원은 이 사실을 인정했다. 이때 내린 판결은 그 시절 가장 유명한

바바라 잭슨과 여동생 셜리가 워싱턴 D.C.의 링컨 메모리얼 리플렉팅 풀 근처에 앉아 있다.

판결 중 하나인 '브라운 대 캔자스주 토페카 교육위원회 판결Brown v. the Board of Education of Topeka, Kansas'이었다. 대법원은 인종차별이 공평하지 않으며, 각 학교에 학생 수를 고르게 모집하라는 명령을 내렸다. 이 명령은 셜리에게 집 근처에 있는 바너드 학교에 다녀도 되고, 그녀 역시 좋은 교육을 받을 수 있다는 것을 의미했다.

두 번째 사건은 몇 년 후에 일어났다. 1950년대에 미국과 소련은 세계에서 가장 막강한 힘을 가진 두 나라로, 핵무기를 비축하며 서로를 견제했다. 미국 전역에 있는 학교는 핵 공격에 대비한

1954년, 미국연방대법원은 인종차별이 위헌이라는 판결을 내렸다. 한 어머니와 딸이 미국연방대법원 앞 계단에 앉아 판결을 축하하고 있다.

공습 훈련을 실시했고, 이때 학생들은 요새화된 '공습 대피 장소 air raid shelters'에 들어갔다.

이런 와중에 1957년 10월 4일, 소련은 최초의 무인 인공위성 스푸트니크 1호Sputnik 1를 우주에 날려 보냈다. 소련이 미국보다 먼저 우주로 진출하자, 미국은 깜짝 놀라 행동을 취하기 시작했다. 우주에 대한 주도권을 가지고자 우주 경쟁을 시작한 것이다. 이 말은 미국의 모든 학교가 과학과 수학을 집중적으로 교육하게 되었다는 것을 의미한다. 학교 당국은 이 분야에서 걸출한 능력을 보이는 학생을 찾기 시작했다. 이것은 미국 역사뿐 아니라 셜리 잭슨에게도 큰 전환점이 되었다.

천재

인종차별 없이 새롭게 통합된 바너드 학교에서 셜리의 지적인 능력은 왕성하게 꽃을 피우기 시작했다. 하지만 안타깝게도, 선생님들은 셜리를 어떻게 다루어야 할지 몰랐다. 1학년 독서 활동 시간에 학생들은 지정된 문장을 읽고 주어진 문제에 답을 해야 했다.

셜리는 반 친구들이 책을 다 읽기 전에 항상 먼저 끝마쳤다. 선생님이 질문을 던질 때마다 셜리는 호명되기도 전에 답했다. 이런

셜리는 6학년이 되자, 학습 능력을 인정받아 우등생반에 들어갔다.

행동 때문에 반 친구들은 셜리에게 '천재Brainiac'라는 별명을 붙여주었다.

셜리가 수업을 방해하는 것을 막으려고, 선생님은 셜리에게 혼자 구석에 앉아 책을 읽으라고 했다. 그래도 별 소용이 없었다. 선생님이 학생들에게 질문을 하기 시작하면, 셜리는 구석에 앉아 답을 외치기 시작했다. 이즈음, 인내심이 한계에 다다른 선생님은 셜리의 어머니에게 전화를 걸었다.

"셜리 어머니, 수업 시간에 셜리가 흐름을 너무 자주 끊어요." 선생님이 잭슨 부인에게 말했다. 그러자 셜리 어머니는 이렇게 되물었다. "선생님께서 셜리가 할 만한 것을 충분히 주지 않았던 건 아닐까요?"

비어트리스 잭슨은 자기 딸을 문제아라고 여기지 않았다. 대신, 수업 시간이 지루했을 것이라 생각했다. 그녀는 선생님에게 다음과 같이 조언했다. "셜리에게 다른 아이들이 읽고 있는 내용을 읽게 하거나, 같은 시간을 주면 안 돼요. 그 아이한테는 책을 더 많이 읽히고, 심화 학습을 시켜주세요. 셜리가 대답하고, 쓰고 싶어 하는 것들을 선생님께서 준비해주시면 좋겠네요." 선생님은 그 조언을 받아들였다. 그다음부터 셜리는 안정을 찾았을 뿐만이 아니라 더욱 발전할 수 있었다.

셜리가 6학년이 되었을 때, 바너드 학교의 모든 학생은 시험을 치른 다음, 능력별로 반에 배정되었다. 기초반, 실업계반, 대입준비반, 우등생반이 있었다. 셜리는 이 중에서 학습 진도가 가장 빠른 우등생반에 들어가게 되었다.

타고난 리더십

셜리는 똑똑한 것 외에도, 타고난 리더십의 소유자였다. 그녀는 학교의 바너드발전협의회Barnard Improvement Council라는 단체에서 활동했다. 이 단체는 학교가 좋은 상태를 유지하도록 학교를 지원했다.

여름방학 때 셜리는 바너드발전협의회의 활동을 동네에 도입하여 청소 캠페인을 벌였다. 셜리는 동네 아이들에게 임무를 부여하면서 쓰레받기와 빗자루를 하나씩 건네주었다. 아이들은 먼지를 쓰레받기에 넣었고, 낙엽과 다른 쓰레기는 빗자루로 쓸었다. 셜리는 아이들을 사는 동네에 따라 조를 짜서 자기 집 주변을 청소하라고 시켰다. 모두들 달라붙어 큰 쓰레기는 봉지 안에 넣고 작은 것들은 한 곳에 모아두었다. 이렇게 모아둔 쓰레기는

셜리는 근처에 사는 아이들이 이웃에 관심을 가지도록 했다. 이런 청소 캠페인 활동은 참여한 모든 사람에게 긍정적인 영향을 끼쳤다.

일주일에 한 번씩 쓰레기 차량이 수거해갔다.

청소 캠페인 활동은 그 동네에 사는 어른들에게 큰 의미로 다가왔고, 아이들 역시 즐거운 마음으로 청소를 도왔다. 가장 좋았던 순간은 쓰레기 수거차가 와서 쓰레기를 치울 때였다. 쓰레기 수거차가 지나간 후에 도로가 항상 깨끗해졌기 때문이다.

역할 모델

셜리가 학교에서 가장 좋아했던 과목은 라틴어였다. 그녀는 고대 로마 언어를 7학년 때부터 배우기 시작해서 12학년까지 계속 배웠다. 고등학교 졸업반이 될 무렵, 그녀는 이수해야 하는 모든 라틴어 수업을 다 들은 상태였다.

그녀가 12학년 때, 라틴어 선생님 노마 데븐포트Norma Davenport는 셜리에게 특별한 존재였다. 데븐포트 선생님은 배우고자 하는 셜리의 의지가 무척 큰 것을 알고는 셜리만을 위해 특별한 숙제를 내주었다. 셜리는 라틴어로 된 이야기와 신문 기사를 읽고 영어로 번역했으며, 그 반대로도 했다. 셜리는 데븐포트 선생님과 함께 라틴어 독해와 번역에 많은 시간을 보냈다. 셜리는 언어에 도전하는 것을 좋아했다. 따분하거나 힘들다고 생각해본 적이 단 한순간도 없었다. 셜리에게 언어 공부란 좋은 소설을 읽는 것만큼이나 즐거운 일이었다.

그러나 셜리의 미래를 결정하는 데 가장 큰 역할을 한 것은 수학 수업이었다. 수학 우등생반의 학생 수는 대략 일곱 명에서 열 명 정도로 아주 적었다. 따라서 학생 수가 많은 다른 수업에 비해 아이들과 선생님이 서로 이야기를 나눌 기회가 많았다. 학생들은 수업 시간에 문제를 풀었고, 서로 해답을 공유했으며, 다른 해결 방법을 가지고 논쟁을 벌였고, 수학의 다른 사용법을 주제로 토론도 했다. 여기서, 셜리의 재능은 빛을 발했다.

셜리는 10학년부터 12학년까지 3년 내내 마리 스미스Marie Smith 선생님에게서 수학을 배웠다. 스미스 선생님의 수학에 대한 열정은 수학에 관해서 말을 할 때마다 빛이 났다. 수학은 숫자 그 이상의 의미를 지녔으며, 세상을 바라보는 관점인 동시에 세상을 이해하는 데 꼭 필요한 것이었다. 스미스 선생님은 셜리에게 수학적 재능이 있다는 것을 꿰뚫어보았고, 셜리가 풀 만한 추가 문제를 내주기도 했다. 셜리는 이를 즐겁게 풀었다.

셜리는 수학의 모든 것을 좋아했다. 논리적 흐름, 방정식의 양

바너드 학교의 몇몇 선생님은 셜리의 롤 모델로 다가왔다. 라틴어 선생님 노마 데븐포트(왼쪽), 수학 선생님 마리 스미스(가운데), 경제학 선생님 엘리너 블랙번(오른쪽)은 모두 영감을 일깨우는 분이었다.

변이 등호를 통해 서로 균형을 이루는 것, 문제를 제기하고 이에 대한 해답을 찾아내는 것, 그리고 문장제 문제를 푸는 것 등을 좋아했다. 그녀는 특히 패턴과 그 이면에 숨겨진 관계를 찾는 것에 흥미를 보였다. 스미스 선생님처럼, 셜리는 수학 방정식을 일종의 언어로 받아들였다. 수학자는 수많은 단어와 문장으로 설명해야 할지도 모를 거대 개념을 수식을 써서 한 번에 표현할 수 있다. 숫자와 문자, 기호를 사용하면 기본적인 사실 관계를 간결하게 나타낼 수 있기 때문이다. 하나의 방정식은 어떤 문제를 이해하는 데 필요한 올바른 정보를 정확하게 알려준다. 더 보태고 빼고 할 것도 없이 말이다.

데븐포트 선생님, 스미스 선생님, 경제학을 가르친 엘리너 블랙번Eleanor Blackburn 선생님은 셜리가 닮고 싶은 역할 모델이었다. 이들 아프리카계 미국인 여성들은 똑똑했고, 교육을 잘 받았으며,

노력하고 세상을 포용했으며 헌신적이었다. 그들은 셜리처럼 재능 있는 학생들이 삶에 부여된 모든 기회를 붙잡을 수 있도록 이끌었다.

벌처럼 바쁘다

셜리는 다양한 과외 활동뿐 아니라 그녀가 좋아하는 과학과 언어·예술에도 관심을 쏟았다. 그녀는 학교에서 열린 과학 전시회에 참가했고 주말에는 교육과 관련된 강의를 들었다. 또 학교나 시에서 주관하는 단어 맞추기 대회와 웅변대회에 나가기도 했다. 셜리는 시에서 주관하는 단어 맞추기 대회에서 준결승까지 진출했고, 버몬트가 침례교회가 후원하는 웅변대회에서는 우승을 했다. 또한 학생연합회 회장으로도 활동했다.

셜리는 〈이건 교육적이다It's Academic〉라는 TV 프로그램에 출연해 지식을 뽐내기도 했다. 이 퀴즈쇼에는 워싱턴, 메릴랜드, 버지니아에서 온 팀들이 출연했고, 게임 형식으로 대결을 벌였다. 경쟁은 치열했고, 학생들은 이 퀴즈쇼에 대비해 공부하고 연습하는 데 많은 시간을 투자했다. 셜리의 팀은 셜리와 동급생 두 명으로 구성되었다. 셜리는 과학과 수학에 집중하는 동안 나머지 두 명은 영어와 역사 문제를 맡았다.

셜리는 과외 활동에 많이 참여했다. 이 사진에서 입고 있는 옷은 그녀가 만든 것이다.

이 쇼는 TV 스튜디오에서 생중계로 진행되었다. 밝은 조명과 TV 카메라, 스튜디오를 채운 많은 관중에도 셜리는 동요하지 않았다. 그녀는 이미 경쟁 환경에 놓이는 것에 익숙해져 있었기 때문이다. 셜리는 질문에 집중하며 가능한 한 빨리 대답했다. 지금 돌이켜보면, 독서 활동 때 선생님의 질문에 큰 소리로 속사포처럼 대답하며 보냈던 시간이 도움이 되었다.

개성파 아이들

셜리는 비범한 학생이면서도 단순히 '머리 좋은 천재brainiac' 그 이상이었다. 그녀는 학교에서 친구를 많이 사귀었고, 소녀 동아리 '개성파 아이들Teens of Personality(TOPs)'에도 소속되어 있었다. 소녀들은 금요일에 녹색 주름치마와 베이지색 블레이저, 녹색 비니를 쓰고 등교했다. 그들은 방과 후 동아리 모임에 갈 때도, 비슷한 복장을 하길 원했다. 방과 후 동아리 모임은 동아리 회원의 집에서 매주 돌아가면서 열렸다.

모임이 끝난 후, 그들은 '친목'을 다지고 춤을 추기 위해 남자 아이들을 초청했다. 이는 그들의 부모와 미리 다 얘기 되어 있는 일이었다. 날씨가 쌀쌀할 때는 실내에서 만남을 가졌다. 날씨가 따뜻하면 집의 뒤뜰에 모였다. 모두들 모타운Motown 예술가들의 노래를 듣고 춤을 추면서 즐거운 시간을 보냈다. 셜리는 뛰어난 댄서였는데, 그녀가 좋아하는 것은 지르박, 팝, 재즈였고, 커플 댄스를 즐겨 추었다.

셜리는 버몬트가 침례교회 합창단에서 노래를 불렀고, 거기서도 많은 친구를 사귀었다. 교회는 그녀 인생에 강한 영적인 기반을 만들어주었다.

매사추세츠 공과대학에 입학 원서를 넣다

셜리의 대학교 진학 여부는 아무도 물어보지 않았다. 셜리의 부모는 교육의 가치를 알고 있었고, 셜리가 어렸을 때부터 교육의 중요성을 강조해왔다. 고등학교 2학년을 거치면서 셜리는 어느 대학에 갈 것인지 고심하기 시작했다.

그녀는 고등학교 시절에 교장 선생님의 사무실에서 일하곤 했

WINNERS—W. F. Lawton, Grand Master of the Most Worshipful Prince Hall Grand Lodge of the District, left, presents high school seniors Michael Williams (Dunbar), Kermit Frazier (Ballou), Shirley Jackson (Roosevelt), Sheila Neustadt (Coolidge), Carrie Palmer (McKinley) and Catherine Peaks (Cardozo), with scholarships on behalf of the Lodge. School Supt. Carl Hansen is at right. The scholarships, which are given annually totaled $10,000.

셜리(가운데)가 MIT에 입학하는 데 도움이 된 여러 장학금 중의 하나를 받고 있다.

다. 점심시간과 방과 후 시간을 이용해서, 그녀는 교장 선생님, 상담지도사, 교감 선생님의 사무 업무를 도와주었다. 일한 대가는 없었지만, 그 일을 하는 것만으로도 명예로웠다. 셜리는 그 일을 좋아했다.

어느 날, 남학생 담당인 로버트 보이드Robert Boyd 교감 선생님과 상담 지도사 브라운S. O. Brown 선생님이 셜리를 사무실로 불렀다. 브라운 선생님은 셜리가 졸업식에서 졸업생 대표, 즉 수석 졸업생이 될 거라고 얘기해주었다.

교감 선생님이 말을 이어갔다. "너는 엄청난 가능성을 타고났어. 혹시 MIT 진학을 생각해본 적 있니?"

셜리는 한 번도 들어본 적이 없는 학교였다.

브라운 선생님께서 설명했다. "과학과 공학을 중심으로 운영되는 학교야. 너처럼 수학을 잘하는 학생들이 모여 있는 곳이란다." 두 선생님 모두 셜리에게 MIT Massachusetts Institute of Technology에 지원하라고 권유하면서, 입학 신청서 작성을 도와주겠다고 말했다.

면담이 끝난 후, 셜리는 얼른 집으로 달려가 부모에게 이 신나는 소식을 전했다. "MIT라는 특별한 학교가 있대요. 교감 선생님께서 제가 MIT에 지원해야 한다고 말씀하시는데, 혹시 들어보신 적 있으세요? 저는 한 번도 들어본 적이 없거든요."

아버지는 매사추세츠 공과대학은 물론, 그 학교를 약자로 MIT라고 부르는 것도 알고 있었다. 아버지는 셜리에게 이렇게 말했다. "그 학교, 엄청 많이 들어보았지. 네가 그 학교에 꼭 가길 바란다."

사람들이 셜리 주위에 모였다. 셜리의 수학 선생님인 스미스 선생님 역시 지원하라고 재촉했다. 교감 선생님, 상담 지도사, 수학 선생님 덕분

MISS SHIRLEY JACKSON
(Scholarship winner)

To brilliant Shirley Ann Jackson of Washington, D.C., last week, went the coveted 1964 Martin Marietta Corporation Foundation College scholarship. The winner will have $1,100 applied to tuition expenses next fall and both will attend the Massachusetts Institute of Technology. Miss Jackson will major in physics and Hendricks is enrolled in electrcial engineering. She took the academic-honors curriculum at Roosevelt High School and was ranked first in a class of 320. She was president of the National Honor Society, an office assistant at her school, was secretary of the Wider Horizons Club, co-editor of the yearbook and president of the Latin Club. As a hobby, she has been interested in collecting live bees.

셜리는 마틴-마리에타 법인으로부터 등록금과 대학 생활 경비를 받은 것 외에도, 가족이나 교회 동료처럼 가까운 사람들한테도 지원을 받았다.

에 셜리는 아프리카계 미국인을 향해 열린 미래를 구체화하기 시작했다.

셜리는 MIT에 지원했고 입학 허가를 받았다. 그녀는 고등학교 성적이 뛰어났으므로 방위산업체 마틴-마리에타 법인Martin-Marietta Corporation(현재의 록히드마틴)으로부터 4년 등록금 전액과 소정의 생활비를 장학금으로 받게 되었다.

그 회사는 매년 메릴랜드, 버지니아, 컬럼비아 특별구에서 수학과 과학에 흥미가 있는 학생을 한 명씩 선정해 장학금을 지급했다. 셜리는 그 밖에 프린스 홀 메이슨Prince Hall Masons(아프리카계 미국인 프리메이슨 집회소)과 버몬트가 침례교회로부터도 장학금을 받았다.

"이건 내 삶이에요"

이렇게 모든 것이 신나는 와중에도, 셜리의 어머니는 MIT를 완벽하게 받아들이지는 않았다. 셜리가 MIT에 지원했을 때 어머니는 그 학교를 잘 알지 못했다. 어머니는 MIT에 대해 알아본 후에야 과학과 수학 분야에서는 미국 최고의 대학이라는 것을 알게 되었다. 그래도 여전히 걱정이 앞섰다. 그 학교가 워싱턴 D.C.에서 멀리 떨어진 보스턴에 있었기 때문이었다.

더 큰 문제는 그 대학교에 입학한 학생들 중 흑인은 극소수인 데다, 그들 모두 여자가 아니라는 점이었다. 셜리 어머니는 딸아이가 그곳에서 외톨이로 따돌림을 당할까 봐 걱정했다. 셜리의 안전도 문제였다. 그 당시 보스턴 사람들은 여성을 주 표적으로 삼는, 보스턴 교살자라고 불리는 연쇄 살인범 때문에 겁에 질려 있었다.

대학교를 준비하는 와중에도 셜리는 삶을 즐기는 여유를 누렸다. 그녀는 데이트 상대와 고등학교 졸업 파티에 참석했다.

셜리의 학교 입학이 확정된 후, 비어트리스 잭슨은 남편 조지와 딸들을 한자리에 불러 모았다. 어머니는 우려를 나타냈지만, 셜리는 주장을 굽히지 않았다. "엄마, 그곳은 미국에서 최고로 좋은 학교 중 하나예요. 게다가 저는 장학금도 받아요. 그걸로 충분히 생활할 수 있어요." 셜리는 워싱턴 D.C.를 벗어나 이 나라의 더 많은 곳을 경험해보고 싶다는 뜻을 토로했다. "제가 스스로 갈 길을 개척할 수 있는지 확인해볼 기회가 제게 필요해요."

그래도 비어트리스는 딸아이를 떠나보내는 게 걱정되었다. 여전히 망설이는 어머니를 보며 셜리가 우기면서 말했다. "정말 제가 원하는 거예요." 그리고 한마디 덧붙였다. "이건 내 삶이에요."

이 짧은 문장이 비어트리스의 마음을 움직였다. 이제는 딸아이 스스로 결정을 내려야 한다는 사실을 알게 되었고, 그제야 허락했다. "네 말이 맞아." 그녀가 말했다. "그것은 네 삶이지."

더 높은 단계

1964년 6월 졸업식 날, 셜리는 시어도어 루즈벨트 고등학교 강당 무대에 올랐다. 셜리는 졸업생 대표로 연설문을 낭독해야 했다. 군중 앞에서 연설하는 데 익숙해져 있어서 떨리지는 않았다. 그저 짜릿했을 뿐이다. 그녀의 연설은 예전에 웅변대회에서 우승했던 내용을 좀 더 보강한 것이었다. 그 내용이 그녀에게 있어 특별한 의미를 담고 있던 터라, 셜리는 졸업생 대표 연설에 그것을 활용하기로 결심했다.

셜리 잭슨은 시어도어 루즈벨트 고등학교 졸업식에서 최우수상과 함께 졸업생 대표로 졸업장을 받았다.

연설을 시작하기 전, 셜리는 객석을 바라보았다. 자기 인생에서 가장 중요한 두 사람, 어머니와 아버지가 그곳에 있었다. 그녀의 연설 '더 높은 단계로 살아가기. 무제한의 기회'는 연설을 듣는 학생들에게 영감을 주었고, 부모님에게는 감사의 마음을 전했다.

셜리는 옳은 일을 하는 것, 가능한 한 열심히 일하는 것, 별을 따기 위해 목표에 집중하는 삶을 사는 것 등을 주제로 연설했다. 이런 모든 일련의 노력들이 기회를 만들어낸다고 강조했다. 이 연설은 그녀가 인생을 어떻게 살아가야 하는지 밝혀놓은 로드맵 역할을 했다.

그녀 혼자서

9월의 어느 날, 셜리의 부모님은 차를 몰고 셜리와 함께 MIT로 향했다. 셜리의 MIT 정착을 돕기 위해서였다. 워싱턴 D.C.에서 매사추세츠주 케임브리지까지는 8시간이나 걸렸다. 긴 여정이었다. 그들은 하룻밤을 엘리엇 호텔에서 묵고 다음 날 아침에 학교로 갔다.

그날은 셜리가 학교 캠퍼스를 처음 방문한 날이었다. 학교 곳곳을 둘러보니 규모가 어마어마했다. 유서 깊은 건물과 유명 예술가가 제작한 조각상이 많이 보였다.

거대한 돔과 기둥을 자랑하는 맥로린 빌딩이 특히 인상적이었다. 그녀는 강의실에 들어가 한시라도 수업을 빨리 듣고 싶었다.

위 사진 : 고전적 건축 양식의 MIT 맥로린 빌딩. **아래 사진** : 여학생 기숙사 매코믹 홀.

셜리의 부모는 새로 지은 여학생 전용 기숙사 매코믹 홀로 셜리를 데리고 갔다. 셜리는 운이 좋았다. 만약 MIT에 일 년이라도 일찍 입학했다면 그녀는 학교 밖에서 살아야 했을 것이다. 그 전까지만 해도 MIT에 여학생이 드물어 여학생 전용 기숙사가 없었는데, 여학생이 100명 정도 되자 MIT는 여학생 기숙사를 만들었다.

셜리는 새 기숙사가 아름답다고 생각했다. 그녀는 1인실에 살게 되었다. 이는 룸메이트와 방을 같이 사용할 필요가 없다는 뜻이었다. 부모님은 짐 정리를 도와준 다음, 셜리와 작별 인사를 했다.

"지금 떠나세요?" 셜리가 물었다. 그녀는 작별 인사를 할 마음의 준비가 전혀 되어 있지 않았다.

아버지와 어머니는 셜리가 잘 해나갈 거라고 격려해주었다. 또 공부 열심히 하고, 자주 연락하고, 몸조심하라는 말도 잊지 않았다.

부모님이 떠난 후, 셜리는 난생 처음 혼자라는 것을 실감하고는 침대에 주저앉아 울었다. 앞으로 MIT에서 어떤 일이 펼쳐질지 알 수 없었다. 아는 것이라고는 1000명 가까운 신입생 중에서 아프리카계 여성이 두 명뿐인데 자신이 그중 한 명이라는 점이었다. 그녀는 얼마나 외로움을 타게 될지 곧 실감하기 시작했다.

그녀는 친구들을 도와주면

자기를 경쟁 상대로 보지 않고,

있는 그대로 좋아하게 될 거라고 생각했다.

셜리(가운데)가 MIT 동급생들과 "악마에 대해 말하지 않으면 악마를 보지도, 듣지도 않게 된다."라는 무언극을 펼치고 있다.

3장

배제와 왕따

1964년 셜리가 MIT 신입생이었던 시절, 아프리카계 미국인들은 평등권 쟁취 운동을 벌이고 있었다. 마틴 루터 킹Martin Luther King 목사가 주도한 인권운동에 힘입어, 아프리카계 미국인도 MIT 등 대부분의 대학교에 입학할 수 있게 되었다. 이렇게 사회의 문은 조금씩 열리고 있었지만, 백인 커뮤니티로 통하는 문은 여전히 굳게 닫혀 있었다.

셜리는 MIT에 입학한 것과 친구들과 어울리는 것은 전혀 별개의 문제라는 것을 빨리 알아챘다. 강의실에서 그녀의 주위에는 빈 의자만 놓여 있었다. 아무 데나 앉을 수 있지만, 그 누구도 그녀 옆에 앉으려 하지 않았다. 아무도 그녀에게 말을 걸지 않았다. 생전 처음 친구가 없다고 느꼈다.

1963년 3월 워싱턴 D.C.에서, 마틴 루터 킹 목사가 수천 명이 넘는 시민운동 단체 회원과 일반 시민들을 이끌고 있다.

MIT에 아프리카계 미국인 여학생은 셜리와 제니퍼 러드Jennifer Rudd, 단 두 명 밖에 없었다. 셜리는 제니퍼와 친구가 되었다. 그러나 이런 친구 관계는 아웃사이더 같은 느낌만 더 강하게 주었다. 셜리와 제니퍼는 전혀 다르게 생겼는데도 다른 학생들은 둘을 헷갈려했다. 나누는 대화라고 해봐야 대체로 이런 식이었다.

"안녕, 제니!" 어떤 학생이 셜리에게 말을 건넸다.

"내 이름은 제니가 아니야." 셜리가 대답했다.

1964년, MIT에 재학하는 여학생 수가 적기도 했지만, 셜리가 입학했을 때 아프리카계 미국인 여학생은 두 명이 전부였다.

"아, 다른 애구나!"

"맞아. 나는 다른 애야."

아니면, 셜리가 학교 식당에 앉아 있으면, 누군가 이렇게 묻기도 했다. "제니는 어디 있어?" 그리고 몇 명은 셜리가 근처에 앉으면 다 먹지 않았는데도 일어나 다른 곳으로 자리를 옮겼다. 심지어 다른 테이블이 꽉 차 있을 때도 그랬다. 셜리는 왜들 그러는지 이해할 수 없었고, 그런 행동 때문에 상처를 많이 받았다. 이런 잔인한 취급은 셜리에게 처음이었다. 버나드 초등학교가 흑인 학생들을 처음 받아들이기 시작했을 때도 이 정도는 아니었다.

스터디 그룹

셜리는 수학과 과학이 편하고 친근해서 학과 공부에 전념했다. 그녀는 기숙사 홀에서 들어오는 소음을 차단하려고 방문을 꼭 닫은 채, 방에서 혼자 물리학 문제를 풀었다.

어느 날 밤, 셜리는 기숙사 홀을 지나 화장실을 가야 했다. 방문을 열고 현관 쪽 복도로 걸어 나오니 여학생들이 많이 있었다. 종이와 책들이 복도에 널브러져 있었다. 몇 명은 진지하게 상대방에게 문제를 냈고, 어떤 학생은 물리 문제에 푹 빠져 공부하고 있었다. '스터디 그룹이구나!' 그 순간까지도 셜리는 MIT에 스터디 그룹이 있다는 사실을 몰랐다.

셜리는 고등학교 시절, 스미스 선생님의 수학 시간에 다른 친구들과 수학 문제를 풀고, 해결 방법을 토론하고, 답을 공유하며 즐거운 시간들을 보냈던 것을 떠올렸다. 그런 것들이 다 수학을 좋아했던 요인들이었다. 그래서 화장실에 다녀온 후, 기숙사 방에서 숙제를 챙겨 나와 다시 복도로 향했다. 그녀는 여학생들에게 다가갔다.

"나도 끼워줄 수 있어?" 셜리가 물었다.

한 여학생이 셜리를 보며 말했다. "꺼져."

"나는 이미 문제를 반이나 풀었어. 내 답안을 보여줄게. 그리고 나머지 문제도 어떻게 푸는지 알 것 같아." 셜리가 대답했다. 다른 학생이 쌀쌀맞게 노려보며 말했다. "쟤가 하는 말 못 들었어? 꺼지라고 하잖아."

셜리는 마음의 상처를 안고 다시 방으로 향했다. 그녀는 종이를 책상 위에 놓고 울기 시작했다. 울다가 지쳤을 때 셜리는 마음속으로 다짐을 했다. '그래도 문제풀이를 마저 끝내야지.' 셜리는 다시 문제풀이에 뛰어들었다.

나중에 들어보니, 학생들은 모여서 문제를 함께 풀고 시험공부도 같이했다. 그러나 그들은 셜리를 단 한 번도 끼워주지 않았다. 셜리는 모든 것을 혼자 해야 했다.

하지만 동급생들은 셜리가 자기들에게 얼마나 보배 같은 존재

1964년 MIT에서는, 백인 학생과 흑인 학생이 어울려 식사를 하는 것은 무척 보기 드문 광경이었다.

인지 차츰차츰 알기 시작했다.

시험과 리포트 결과가 나오자, 동급생들은 셜리가 매우 높은 점수를 받았다는 것을 알았고, 몇 명은 셜리에게 말을 걸기 시작했다. 오가는 대화는 여전히 물리학이라는 주제를 넘어서지 않았다.

셜리는 친구들과의 관계가 그렇게 제한되어 있어서 화가 났다. 셜리는 다른 친구들만큼 똑똑했고 그들만큼 노력했지만, 그들은 셜리에게 거리를 두고 대했다. 그녀는 친구들을 도와주면 자기를 경쟁 상대로 보지 않고, 있는 그대로 좋아하게 될 거라고 생각했다.

어울리다

비록 MIT가 셜리를 환영하지도 않았고, 셜리 역시 가족들이 무척 보고 싶었지만, 포기해야겠다는 생각은 한 번도 하지 않았다. 그녀는 우등생이었다. 부모가 자신의 교육을 얼마나 중요하게 여기는지 곱씹어보았다. 어머니도 일하고, 아버지는 투잡two jobs을 뛰면서 자신을 재정적으로 뒷바라지하고 있었다.

셜리는 대학에 다니는 게 버몬트가 침례교회 사람들에게 얼마나 중요한 일인지도 알고 있었다. 그들은 셜리가 MIT에 입학할 수 있도록 십시일반 장학금을 마련해주었고, 그녀가 성공하기를 간절히 바랐다. 그들에게 셜리는 아프리카계 미국인의 미래가 달린 선구자나 마찬가지였다. 셜리는 그들을 실망시키고 싶지 않았다.

셜리는 독실한 신앙을 갖고 있었다. 그녀는 성서를 자주 읽었다. 용서에 관한 구절은 다른 학생들의 말과 행동으로 상처를 받은 그녀에게 큰 의미로 다가왔다. 음악도 큰 위안이 되었다. 가끔씩 방에 틀어박혀 레코드를 듣곤 했다. 템테이션스Temptations, 포탑스Four Tops, 아레사 플랭클린Aretha Franklin, 마빈 게이Marvin Gaye 같은 아티스트들의 음악이 그녀에게 큰 영향을 끼쳤다. 희망을 주는 그들의 음악을 들으면 상처가 낫는 듯했다.

어떻게든 그녀는 포기하지 않았다. 그녀가 포기하기를 바라는

두 명이 써도 될 만한 매코믹 기숙사의 방은 멋지고 널찍했다. 1학년 때 셜리의 방은 공부하고 좋아하는 음악을 들을 수 있는 조용한 도피처 구실을 했다.

사람들에게 질 수는 없었다. 그녀의 단호한 성격은 가장 힘겨운 시기를 헤쳐 나가는 힘이 되었다.

손을 뻗다

셜리는 그녀 자신만의 성공으로는 충분하지 않다는 사실을 자각하며 자랐다. 다른 사람들을 도와주는 것 역시 중요하게 여겼다. 그래서 그녀는 보스턴 시립병원 소아 병동에서 자원봉사를 하기 시작했다. 거기서 다양한 인종의 아이들을 돌보았다. 어떤 아이들은 백혈병을 앓았고, 어떤 아이들은 지체 장애가 있어 걷는 데 문제가 있었다.

그녀는 많은 아이를 보살폈지만, 특히 마음이 더 가는 한 남자

아이가 있었다. 아이는 금발이었고 성격도 밝았다. 하지만 안타깝게도 다른 사람들이 그 아이를 처음 볼 때면 무서움을 느꼈다. 얼굴이 없었기 때문이다. 눈이 있어야 할 부분은 움푹 패여 있었고, 코는 찌그러져 있었으며, 입 위치에는 구멍만 존재했다. 그 아이의 신체적 기형 상태는 심각했지만, 그것은 모두 나중에 성형수술로 고칠 만한 것이었다. 그렇지만 당시 그 아이에게는 연고자가 아무도 없는 것 같았다. 아이는 세상에 홀로 남겨진 듯했다.

봉사 활동을 할 때마다, 셜리는 남자아이들의 방에 가서 그 아이를 안아주었다. 때로는 빨리 찾아가서 다른 업무를 시작하기 전에 그 아이를 돌보기도 했다. 아이와 같이 있어주고 아이를 차분하게 돌보면 셜리 역시 마음이 편해졌다. 그 아이 덕분에 셜리는 어느 누구에게나 장애는 있는 것이며, 그 장애는 성별이나 인종에 관계없이 찾아온다는 것을 깨달았다. 그녀는 여러 가지 면에서 운이 좋았을 뿐이다. 건강, 능력 말고도 기회까지 있으니 말이다.

여학생 클럽

자원봉사 활동에 중요한 의미를 두는 만큼, 셜리는 사교 활동도 간절히 원했다. MIT에서는 사교 활동이 여의치 않을 게 분명했다. 그래서 그녀는 여자 대학생들이 가입하는 전국 단위의 여학생 클럽Sorority Sisters에 가입했다. 그 여학생 클럽은 미국에서 존재하는 가장 오래된 단체 중 하나인 '델타 시그마 세타Delta Sigma Theta'라는 곳이었다.

뉴잉글랜드 지부장인 아이오타Iota를 통해 셜리는 노스이스트런 대학교, 보스턴 대학교, 래드클리프 대학교, 브라운 대학교, 애머스트 대학교, 웰즐리 대학교, 예일 대학교에 재학 중인 다른 여학생들도 알게 되었다. 셜리는 자기가 겪고 있는 어려움과 비슷한 처지에 놓인 다른 여학생들을 보며 위안과 격려를 받았다.

이 여학생 클럽은 셜리에게 진취적인 정신으로 장애물을 극복해나가는 모습을 보여주었다. 대학 당국은 아프리카계 미국인을 더 많이 받기 시작했지만, 여학생 클럽에 대한 정책은 여전히 적대적이었다. 예를 들어, 여학생 클럽 모임은 모든 대학의 학교 시설을 이용하지 못했는데, 대학들 어느 곳도 허가하지 않았기 때문이었다. 여학생 클럽은 교내 다른 동아리들과 달리, 클럽 운영에 쓰일 장소를 마련할 때마다 비용을 지불해야 했다.

아이오타 지부장은 여학생 클럽이 쓸 만한 두 군데의 장소를 찾아주었다. 한 곳은 보스턴 록스베리Roxbery의 YMCA였다. YMCA는 보스턴에서 흑인 커뮤니티 구실을 하는 곳으로, 여학생 클럽은 그곳에서 학습 프로그램을 운영했다. 다른 한 곳은 '흑인 전문직과 비즈니스 여성 클럽Negro Professional and Business Women's

Club'이라고 하는 아프리카계 전문직 여성 단체였다.

여학생 클럽은 학교 근처의 젊은 남성들을 사교 행사에 초대했다. 여학생 클럽은 이런 행사의 장소 대여료나 다과 비용을 충당하기 위해 입장료를 받았다. 또한 일정 규모 이상의 행사에는 의무적으로 경찰관이 입회해야 했기에 비번off-duty 경찰관들을 동원하는 데 비용을 지불해야 했다. 만일 여학생 클럽이 교내에서 행사를 개최할 수 있었다면, 이런 것들은 별 문제가 되지 않았을 것이다. 상황이 공평하지는 않더라도, 이런 경험을 통해 셜리와 클럽 동료들은 서로가 힘이 되어준다는 사실을 배울 수 있었다.

수학 교습

여학생 클럽은 사교 행사 이상의 의미를 지니고 있었다. 델타 시그마 세타의 목적은 사회 공헌이었다. 셜리가 보스턴 시립병원에서 자원봉사를 한 지 일 년 반이 지났을 무렵, 셜리는 록스베리에 있는 YMCA에서 고등학생들을 대상으로 대수, 삼각함수, 기하학을 가르쳤다. 수학을 가르치면서, 셜리는 수학 문제를 많이 다룰 기회를 얻었다. 수학 문제를 다른 사람에게 설명할 수 있다는 것은 수학 문제를 제대로 이해하고 있다는 것을 의미했다. 그렇지만 정작 셜리를 신나게 하는 것은 따로 있었다. 바로 학생들이 이전에는 절대로 풀지 못할 것 같았던 문제를 결국 이해하고 풀어내는 과정을 지켜보는 것이었다.

학생들을 가르치고, 병원에서 자원봉사를 하고, 여학생 클럽 활동에 참여하고, 좋아하는 음악을 듣고, 성경을 읽는 이런 모든 것들은 셜리의 내적 자신감을 북돋우는 데 도움이 되었을 뿐만 아니라, 역경에도 불구하고 앞으로 나아갈 수 있는 동기 부여가 되어주었다. '아무도 이것이 쉬울 거라고 하지 않았어.' 셜리는 자주 이 말을 떠올리고는 했다.

이렇게 힘든 시간을 겪었지만 MIT에는 좋은 점도 많았다. 세계적으로 유명한 교수진이 있었고, 흥미진진한 수업이 있었으며, 그토록 배우고 싶었던 과목을 접할 기회가 있었다.

그러다가 셜리는 어떤 수업을 들었는데,

그 수업 덕분에 이 세상을 완전히 새로운 눈으로

바라보게 되었다.

어느 좋은 날씨에, MIT 교정 그레이트 코트에서 수업이 이뤄지고 있다.

4장

MIT의 PANIC

MIT 신입생 시절에, 셜리는 아직 전공을 정하지 못했다. 수학은 그녀의 첫사랑이나 마찬가지여서, 무엇을 하든 결국 수학과 결부될 거라고 생각했다. 전기공학을 염두에 두기도 했다. 그러다가 어떤 수업을 들었는데, 그 수업 덕분에 셜리는 이 세상을 완전히 새로운 눈으로 바라보게 되었다.

그 수업은 '물리학 : 새 기초 과정Physics: A New Introductory Course'으로, 1학년 필수 과목이었다. 이 교과목명에서 각 단어의 첫 글자를 모으면 'PANIC'이라는 사실을 깨닫는 데는 시간이 많이 걸리지 않았다. 'PANIC'이라는 별명은 학생들에게 자신감을 불어넣지는 못했지만, 앤서니 프렌치Anthony French 교수가 학생들을 빨리 휘어잡는 데는 한몫했다. 셜리는 프렌치 교수의 물리학을 향

원자의 구조를 고체 모형으로 나타낸 사진.

한 열정과 가르칠 때의 활력 넘치는 모습에 감동을 받았다. 그의 영국식 발음 역시 매력적이었다.

이 수업은 수강생이 약 500명이었다. 자, 수강생 500여 명의 시선을 잡아끌려면 어떡해야 할까? 필수 과목이라는 이유만으로 가능할까? 엄청난 시청각 자료와 유머를 활용해야 할까? 그렇다! 프렌치 교수가 사용한 방법도 바로 그것이었다.

주사위 던지기

프렌치 교수의 강의 중 수강생 사이에서 특별히 인기 있는 강의가 있었다. 그것은 무작위성과 확률에 대한 토론 강의였다. 현대물리학(양자역학)의 중심이 되는 법칙 중 하나는, 어느 특정 실험에서 원자가 어떻게 움직일지 전혀 예측할 수 없다는 것이다. (원자는 모든 물질을 이루는 매우 작은 입자 또는 덩어리를 말한다.) 다만, 수많은 실험을 통해 얻어진 결과를 바탕으로 어떤 일이 일어날지 대략적인 예측을 할 수 있을 뿐이다.

프렌치 교수는 수업 진행을 위해 학생 지원자 한 명을 뽑은 후 휴지통을 들었다. 휴지통을 흔들어 뒤집으니 나무로 만든 대형

앤서니 프렌치 교수의 열정적인 태도는 고스란히 전해져서 학생들은 물리학의 경이로움을 느낄 수 있었다.

주사위 두 개가 나왔다. 교수는 주사위 두 개를 던졌다. 주사위에 나온 숫자는 2와 5였다.

교수는 미리 뽑아둔 학생 지원자에게 "오른쪽으로 일곱 걸음 가세요."라고 지시했다. 프렌치 교수는 주사위를 다시 던졌고, 이번에는 3과 1이 나왔다. "왼쪽으로 네 걸음 가세요." 하고 지시했다. 다음번에 4와 2가 나왔을 때는 "왼쪽으로 여섯 걸음 가세요."라고 했다. 그는 주사위를 던져서 나온 숫자에 기반을 두고 시연을 계속했다.

프렌치 교수는 이렇게 학생 지원자가 오른쪽, 왼쪽으로

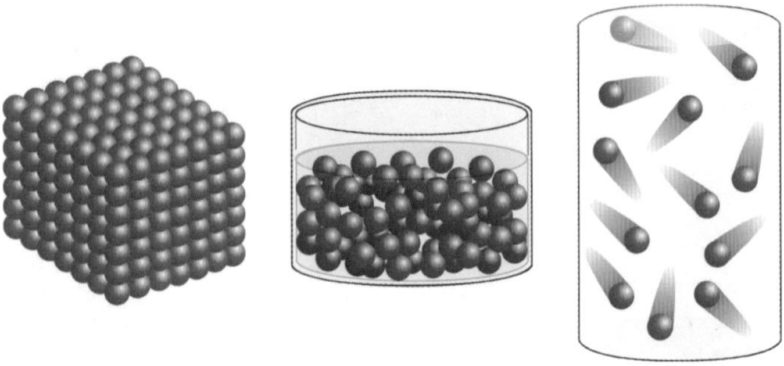

고체 : 고체 안에서 원자들은 서로 진동하지만, 줄을 이루며 단단히 엮여 있다. 고체는 외부에서 가하는 힘이 없으면 모양이 바뀌지 않는다.

액체 : 액체 안의 원자들은 밀착해 있지만 서로 미끄러지기도 한다. 액체는 담겨 있는 용기에 따라 모양이 달라진다.

기체 : 기체 안에 있는 원자들은 서로 자유롭게 스쳐 지나간다. 기체 안의 원자들은 퍼져 나가면서 용기를 꽉 채운다.

원자는 끊임없이 움직인다. 어떤 물체로 보이는지, 어떻게 움직이는지는 원자의 움직이는 방식에 달려 있다.

움직이는 것으로 자신이 가르치는 학생들에게 무작위 운동을 설명했다. 여느 게임의 확률처럼, 주사위가 나타내는 숫자는 아무도 확실하게 예측할 수 없다. 이런 무작위성은 물질의 가장 작은 부분을 다루는 양자역학의 기본 법칙이다. 어떤 물질이 어느 특정한 시간에 어디에 존재하는지는 확실하게 장담할 수 없다. 단지 그것이 어떻게 움직일 것 같은지 경험에서 비롯된 추측만 할 수 있다.

셜리에게 이 세상이란, 흥미진진한 비밀을 간직한 훌륭한 추리소설이나 마찬가지였다. 그녀는 어린 시절 벌을 가지고 진행했던 실험으로 생명과학의 재미있는 비밀을 밝히기도 했다.

지금 셜리는 물리학을 통해 자연과학의 놀라운 세계를 엿보았다. 물질의 가장 작은 조각이란 무엇일까? 만약 물질이 고체에서 액체로, 액체에서 기체로 바뀐다면 어떤 일이 일어날까? 전기는 어떻게 작동하는가? 셜리에게는 적절한 질문을 제기하는 것 자체가 그 답을 찾는 것처럼 신나는 일이었다.

"요리할 줄 알아?"

대학 1학년을 마쳤을 때, 셜리는 물리학과 관련된 직업을 선택하겠다고 마음먹었다. 하지만 모든 교수가 프렌치 교수처럼 열린 마음을 갖고 호의적으로 대하는 것은 아니었다. 몇 사람은 여성과 아프리카계 미국인에 대한 편견을 갖고 있었다. 그중 존 울프 John Wulff 교수는 셜리에게 희한한 조언을 해주었다. "유색 인종 여학생들은 말이야, 장사나 배워야 한다니까." 그 말을 듣고 셜리는 이렇게 생각했다. '장사를 배우라니요. 지금 물리학을 배우는 중이잖아요.' 존 울프 교수는 셜리에게 도움을 준다고 생각했지만, 어린 대학생에게는 상처가 될 뿐이었다.

셜리는 특히 재료과학에 관심이 있었다. 물질의 성질에 대해 공부하고 싶었기 때문이다. 그녀는 울프 교수의 수업을 들었고,

존 울프 교수는 울프 강의라는 교수법으로 매년 상을 받았다. 울프 강의는 재료과학에 관심이 있는 1학년과 2학년 학생들을 대상으로 하는 강의였다.

다른 학생들보다 성적이 월등히 뛰어났다. 학기가 끝나자, 셜리는 울프 교수를 찾아가 여름방학 때 자기를 교내 재료과학 실험실에서 일을 할 수 있도록 해달라고 부탁했다. 학점도 따고 용돈도 벌려는 속셈이었다. 아직까지 실험실 경험은 없었지만, 수업에서 좋은 점수를 받았기에 받아줄 것이라고 생각했다.

면접은 간단했고 …… 이상했다.

"요리할 줄 알아?" 울프 교수가 물었다.

"네? 뭐라고 하셨어요?" 셜리가 답했다.

좀 더 알아보기

모든 물질은 원자라고 하는 매우 작은 입자로 구성되어 있다. 당신이 앉아 있는 의자, 오늘 먹었던 브로콜리, 우리가 숨 쉬고 있는 공기까지, 모두 원자로 구성되어 있다. 그것들은 얼마나 작을까? 수학적으로 표현해보자. 원자의 반지름은 1×10^{-8}센티미터다(옹스트롬이라는 단위를 쓴다). 이는 1000만분의 1밀리미터에 해당하는 숫자이다.

이렇게 작은 것을 어떻게 하면 떠올릴 수 있을까? 쉽지 않다. 그러나 상대적인 크기를 알게 되거나, 당신이 알고 있는 것에 비유해보면 된다. 예를 들어, 사과가 지구에 비해 얼마나 작은지 생각해보자. 이것으로 사과에 비해 원자가 얼마나 작은지 가늠해 볼 수 있다.

원자는 매우 작지만, 원자 또한 더 작은 물질인 원자핵과 전자들로 이루어져 있다. 원자핵은 양성자proton와 중성자neutron로 이루어져 있다. 여러 개의 양성자와 중성자는 풀처럼 작용하는 강력strong force(강한 핵력이라고도 한다) 때문에 서로 꼭 붙어 있다. 원자핵 바깥에는 전자들이 원자핵을 중심으로 빙빙 돌고 있으며, 형태는 구름 같다.

원자핵의 크기는 전체 원자 크기의 10만분의 1 정도에 불과하다. 이 말은 원자의 대부분은 텅 비어 있는 공간이라는 뜻이다. 얼마나 비어 있을까? 만약 원자의 크기가 축구장만 하다면, 원자핵은 포도 알 하나에 해당한다(옆의 그림은 스케일에 맞게 그려진 것이 아니다).

그리고 또 흥미로운 점은, 원자핵은 원자 대부분의 질량을 차지한다는 것이다. 이 말은 포도 알 하나가 축구장만큼의 무게를 가진다는 뜻이다!

"요리할 줄 알아?" 그가 다시 물었다. "뭐라도 만들 수 있냐고?"

"당연히 할 줄 알아요. 어머니한테 요리를 배웠어요."라고 대답하면서 셜리는 생각했다. '교수님이 알고 싶은 게 뭘까?'

"좋아. 자네를 채용하겠네."

울프 교수는 예전에 셜리에게 장사나 배우라던 분이었기에 여러 가지 생각이 들었다. '설마 나더러 정말 요리를 하라는 걸까?' 그녀는 언짢은 대답이 나올 수도 있다는 걸 각오하며 물었다. "무슨 일을 하는데요?"

"실험실 일이지!" 그는 바보 같은 질문을 한다는 듯 대꾸했다.

"자네가 요리를 할 수 있다면, 손으로 하는 일도 잘할 거라고 생각했거든."

셜리는 처음에 교수의 질문이 이상하다고 생각했다. 이제야 비로소 제대로 된 질문이었다는 사실을 알게 되었다. 요리는 조리법대로 만드는 능력에다 약간의 창의성도 필요하다. 모두 실험실에서 쓸 만한 것들이다.

MIT 슬론 실험실

MIT 슬론 실험실은 고등학생 때 했던 단순한 화학 실험과는 완전히 달랐다. 고등학교 때는 실험실 안에 싱크대와 비커, 분젠

셜리가 일했던 MIT 슐론 실험실의 규모는 거대했다. 대형 용광로는 표본을 녹이는 데 쓰였다. 학생들은 야금 실험실에서 물질을 가열 용기에 담았다.

버너 같은 것밖에 없었지만, MIT 실험실에는 여러 가지 다양한 방들을 포함해서 공간 자체부터 거대했다. 그 안에는 표본을 녹이는 대형 용광로, 금속을 자르는 선반, 물질을 납작하게 만들기 위한 큰 롤러 등이 있었다.

이것은 마치 연장과 기계가 여기저기 흩어져 있는 아버지의 일터를 엄청나게 크게 확대한 것과 비슷했다. 셜리가 실험실에서 처음 맡은 일은, '초전도체의 터널링tunneling in superconductors'으로 알려진 흔치 않은 현상을 조사하는 것이었다. 터널링이란 전자electron들이 장벽이 있음에도 물질을 통과하는 현상을 말한다. 초전도체는 극저온에서 전류를 효과적으로 흐르게 하는 물질이다. 만약 셜리의 작업이 전기 에너지를 보다 효과적으로 이용하는 방법을 찾았다면, 좀 더 비용을 절감할 수 있는 전기 장치(극저온에서 작동되는 물건)가 만들어졌을 것이다.

셜리가 실험실에서 해야 했던 일은 육체적·정신적 능력이 둘 다 필요했다. 그녀가 하는 실험은 대부분 작은 물질 조각들을 고온에서 취급했다. 그녀는 눈 보호용 고글을 쓰고, 손 보호용 장갑을 끼고 실험을 해야 했다. 그러고 나서는 매우 신중하게 데이터를 기록하고 그 결과를 분석했다. 실험실에서 장시간 근무하는 것은 즐거우면서도 진이 빠지는 일이었다. 셜리는 많은 것을 배웠다. 또한 물리학의 세계가 자신이 가야 할 길이라고 확신하게 되었다.

결정으로 된 도체를 만들기

셜리는 초전도체에 관한 실험을 하기 위해 특정한 금속 재료로 단결정single crystal을 만들어야 했다. 이 재료는 나이오븀과 타이타늄 금속으로 만들어진 합금(혹은 혼합물)이다.

우선, 나이오븀–타이타늄 합금은 다결정multicrystalline의 형태를 띤다. 원자들은 작은 결정 안에 배열되어 있는데, 이는 마치 모래 알갱이들이 서로 붙어 있는 듯한 모습이다. 셜리는 다결정 합금을 단결정으로 변화시키는 것이 필요했다(단결정 내부에는 모든 원자가 행과 열을 맞추어 정렬되어 있다). 셜리는 이 합금을 가열해 액체로 만들었다. 이 후 아주 천천히 식히는 과정에서 그 합금은 하나의 크고 정렬이 잘 된 단결정으로 만들어졌다.

다음으로, 셜리는 이 합금이 전류의 터널링을 나타낼 수 있는지 실험해 보았다. 그녀는 이 합금을 산소에 노출시켰다. 합금 표면에 있는 금속 원자들이 산소와 결합하여 산화물 금속(녹과 같은 화학 합성물) 형태가 되었다. 이렇게 아주 얇은 산화물 코팅은 셜리의 터널링 실험에서 절연체 역할을 했다.

그러고 나서 셜리는 이 금속과 산화물 반도체 기판을 인듐이라고 하는 희귀 금속과 같이 진공으로 밀봉된 가스 병 안에 넣었다. 그녀는 인듐이 증발되어 이것이 산화물 위에 얇은 판으로 농축될 때까지 열을 가했다. 인듐 금속과 나이오븀–타이타늄 합금은 둘 다 전기 전도체였지만, 지금 이들은 산화물 층의 절연으로 분리가 된 상태였다.

마지막으로, 셜리는 아주 얇은 금으로 된 전선을 '샌드위치'처럼 된 두 개의 얇은 금속판에 붙여서 전류의 흐름을 측정할 수 있었다. 매우 낮은 온도에서 전류를 인듐 속으로 흘려보내면, 나이오븀 쪽에서 전류가 측정되었다. 이것은 터널링이 일어났다는 것, 즉 전자가 산화물 절연체를 통과했다는 것을 보여준다.

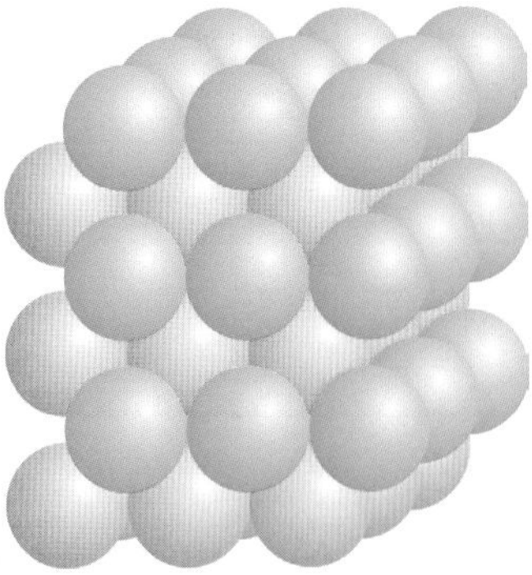

셜리가 만든 나이오븀–타이타늄 합금 안에서, 나이오븀 원자(노란색)와 타이타늄 원자(녹색)는 체심body-centered 결정 격자로 알려진 구조를 하고 있다. 이 구조는 원자들이 겹겹이 쌓인 형태로, 사과와 오렌지를 차곡차곡 쌓아놓은 모양과 같다.

선택, 또 선택

MIT 4학년, 졸업 논문을 써야 할 때가 되었다. 셜리는 실험했던 것의 결과를 논문에 담아내려고 했다. 논문을 작성할 때, BCS 이론이라고 알려진 특별한 수학 공식을 사용했다. 이 이론은 초전도 현상, 즉 어떤 물질이 아주 낮은 온도에서 전기를 더 잘 흘려보내는 이유를 설명하는 데 도움이 되었다. 'BCS 이론'이라는 이름은 이 이론을 만든 물리학자 존 바딘John Bardeen, 리언 쿠퍼Leon Cooper, 로버트 슈리퍼Robert Schrieffer라는 세 사람의 이름에서 따온 것이다. 세 명 모두 1972년에 노벨 물리학상을 받았고, 많은 물리학자들의 역할 모델이 되었다.

셜리가 MIT 4학년 때 찍은 졸업 사진. 그녀의 눈매를 보면 미래에 대한 확신으로 차 있다. 대학원 진학을 결심했는데, 과연 그녀는 어디를 선택했을까?

4학년 막바지에 대학원 입학 원서 신청 시간이 다가왔고, 셜리는 BCS 이론을 만든 물리학자들한테서 개인적으로 더 배우고 싶어졌다. 그녀가 가고 싶은 곳은 로버트 슈리퍼가 교수로 있는 펜실베이니아 대학교, 아니면 리언 쿠퍼 교수가 있는 브라운 대학교였다.

그녀는 시카고 대학교에도 원서

를 냈는데, 이것은 존 바딘 교수가 있는 일리노이 대학교와 가까웠기 때문이다. (그녀는 일리노이 대학교를 피하려고 했다. 그곳은 아프리카계 미국인에게 평판이 좋지 않았다.) 또한 좋은 평가를 받기 위해, 그녀는 하버드와 MIT에도 원서를 제출했다.

어느 학교에 원서를 넣느냐 하는 문제는 별것도 아니었다. 지원한 곳 모두 셜리를 받아주었기 때문이다. 이제 가장 힘든 부분은 어디로 갈지 결정하는 것이었다.

상처에 연연해하는 대신,

MIT에 있는 아프리카계 미국인들을 더 잘되게 하기 위해

그녀가 할 수 있는 것에 집중했다.

설리는 MIT에 남아 대학원 과정을 밟기로 했다.

5장

꿈 펼치기

1968년 4월, 셜리가 MIT 4학년일 때였다. 그녀는 필라델피아에 있는 펜실베이니아 대학교를 방문했다. 학교 당국이 연구원들을 만나보라고 셜리를 초청했던 것이다. 셜리는 초청을 받아들였고, 그 방문이 진학할 학교를 선택하는 데 도움이 되길 바랐다. 여학생 클럽의 하나인 델타 시그마 세타의 펜실베이니아 지부가 모임 후에 그녀를 공항까지 차로 배웅해주었다.

셜리는 마틴 루터 킹 목사의 '꿈'을 MIT에서 실현하는 일에 뛰어들기로 결심했다.

그날 저녁 공항으로 갈 때, 라디오에서 뉴스 속보가 흘러나왔다. 마틴 루터 킹Martin Luther King, Jr. 목사가 테네시주 멤피스에서 암살되었

인권 운동 지도자 마틴 루터 킹 목사는 테네시주 멤피스에서 암살당했다. 1968년 4월 9일 수많은 군중이 그의 장례식을 보려고 모여들었다.

다는 것이다. 그들은 너무 충격을 받아 차가 도로를 벗어날 뻔했다.

셜리의 인생 전체에서, 마틴 루터 킹 목사는 아주 영웅적인 존재였다. 셜리가 고등학교에 다닐 때 킹 목사는 워싱턴 D.C.에서 25만 명 사람들의 평화 행진을 이끌었다. 그는 "나에겐 꿈이 있습니다."라는 감동적인 연설로 자신의 꿈을 이야기했다. 한 사람이 열심히 일하고 바르게 산다면, 그 사람은 피부 색깔이 아니라 그 일의 내용으로 평가받아야 한다는 것이 킹 목사의 꿈이었다.

셜리는 킹 목사의 꿈을 그녀의 가슴에 새겨 담았다. 그녀는 그가 아프리카계 미국인들의 시민권 보장을 위해 헌신하면서 자신의 삶을 희생했던 방식을 가슴 깊이 존경했다.

분명한 결정

셜리가 기숙사로 돌아갔을 때, 그녀는 뭔가를 결심했다. 그녀는 MIT에서 대학원을 다니기로 마음먹었다. 갑자기 왜 그렇게 마음을 바꾼 것일까? 지난 경험에 비추어보건대, MIT에도 시류에 발맞추어 소수자를 위한 배려가 필요했다. 그녀가 리더십을 발휘한다면 큰 변화가 일어날 것이다.

다만, 한 가지 문제가 있었다. 여태까지 셜리는 물질의 고체 상태(오늘날 응집물질물리학condensed matter physics이라고 일컬어지는 분야)에만 관심이 있었다. 그러나 MIT가 강점으로 내세우는 분야는 입자물리학으로 언급되는 핵물리학과 고에너지물리학이었다. 이 두 분야는 완전히 달랐다.

응집물질물리학은 물리적 재료가 어떤 성질을 갖는지, 그것이 어떻게 행동하는지 다룬다. 고에너지물리학은 물체 속의 구조를 심층 탐구하며, 가장 작은 입자들이 다른 환경에서 어떻게 서로 영향을 미치는지 연구한다. MIT에 남아 있기로 결정한 마당에, 셜리는 주된 연구 분야를 고에너지물리학으로 바꾸어야 했다. 다행히도, 전공을 바꾸는 데 따르는 문제는 없었다. 고에너지물리학이 본질적으로 좀 더 수학에 가까웠기 때문이다.

사고 실험

셜리는 한 가지 더 결정해야 할 것이 남았다. 실험물리학과 이론물리학 중 어느 쪽을 선택할까 하는 문제였다. 실험물리학자는 연구의 대부분을 실험실에서 진행한다. 그들은 정교하게 설계된 실험을 실시하면서 세상의 이치를 좀 더 알고자 한다. 그러고 나서 그 실험 결과와 가설을 비교한다. 이것은 '실습hands-on' 과학이다.

하지만 실험에서 어떤 일이 일어날지 최초로 예측하는 사람들은 바로 이론물리학자다. 이론물리학자의 '실험실'은 마음속에 있고, 연필, 종이, 컴퓨터 등이 실험 도구다. 이론물리학은 이미 알려진 사실을 기반으로 '사고 실험'을 한다. 해결하고자 하는 문제의 틀에 맞추어 '만약에?'라는 질문을 던지며 접근한다. 그런 다음, 문제를 수학적인 형식으로 만들고 그 해를 구한다. 물리학자들은 이 결과를 가지고 관찰된 현상을 설명하는 데 사용한다. 그들은 다른 상황들에서 어떤 일이 발생할 것인지에 대해 '경험이나 배경 지식으로 도출하는 추측educated guess'을 할 수 있다.

셜리의 선택은 분명했다. 이론물리학자는 셜리가 사랑하는 수학을 도구로 쓴다. 그리고 더 좋은 점은, 이론물리학자는 마음속에서 문제를 만들어내고, 또 그 문제의 답을 구하기 위해 계속 풀고 또 푼다는 것이었다.

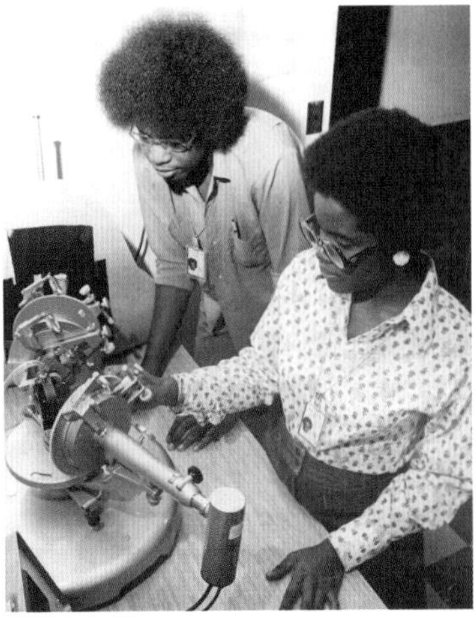

실험물리학자들은 실험실에서 실험을 실시한다. 셜리는 마음속에서 '실험'을 수행하는 이론물리학자가 되기로 결심했다.

학생 단체를 만들다

셜리가 대학원 공부를 시작한 1968년 가을 무렵, 그녀에게 닥친 첫 번째 문제는 물리학과와는 아무 상관이 없었다. 그 문제는 셜리가 MIT에 남기로 한 이유와 관련이 있었다. MIT 학생 중 소수 민족 학생 수는 매우 적었고, 학교는 그들을 형편없이 대우했다.

셜리의 주된 목표는 학교 내 소수 민족 학생들의 수를 늘리고 그들이 공정하게 대우를 받도록 하는 것이었다. 이를 위해, 셜리는 일부 흑인 학생 단체들을 모아서 흑인학생연합Black Students Union을 만들었다. 그녀는 이 단체를 통해 학교 당국에 압력을 넣으면 변화가 일어나리라고 기대했다.

과학 문제를 푸는 법

교육자로서의 셜리는 문제 해결 과정과 물리학의 기초를 다지는 데 중점을 두었다. 그녀는 과학 문제를 푸는 법을 다음과 같이 7단계 과정으로 설명한다.

1. 어떤 것이 일어나는지 관찰하거나, 선행 실험에서 나온 정보를 같이 확보해둔다.

2. (당신이 사실이라고 믿는) 기존의 이론을 바탕으로 가설을 세운다.

3. 그 가설을 어떻게 참 혹은 거짓으로 증명할 수 있을지 자문해본다. 아니면, 검증할 만한 뭔가를 예측하는 데 그 가설을 어떻게 쓸 수 있는지 자문해본다.

4. 문장제 문제를 수학적인 문제 형태로 바꾼다.

5. 문제를 푼다. 새로운 실험의 예측을 숫자로 제시하고 수학으로 알아낸다. 답을 구하려고 애쓰다가 새 이론을 만들어낼지도 모른다.

6. 연구 결과를 해석한다. 그것이 어떤 의미인지, 또 이치에 맞는 말인지 검토해본다.

7. 다른 사람들에게 그 결과를 알리고, 그 이론을 검증할 수 있는 새로운 실험 방법을 제안한다.

셜리는 흑인학생연합이 사회적인 역할을 해나가려면 과학적으로 접근해야 한다고 주장했다. 그저 어떤 게 불공평하다고 말만 떠벌여서는 안 된다는 것이다. 주장을 뒷받침하기 위한 근거 자료를 모으는 게 필요했다. 그녀는 늘 "만약에?"라는 질문을 달고 살면서 혹시라도 놓친 게 있나 돌아보았다.

흑인학생연합 소속 학생들은 MIT 캠퍼스 곳곳에서 만났고, 서로의 아픔을 위로해주었다. 그들은 요구 사항을 열 개 항목으로 작성했다. 그들은 학교 당국에 흑인 신입생의 수를 더 늘리라고 요구했고, 흑인 학생들에게 재정 지원을 해달라고 촉구했다. 요구 사항 중에는 학교 당국이 흑인 학생들에게 조금 더 우호적인 정책을 펴고, 흑인 강사와 행정 직원을 더 많이 고용하며, 흑인 신입생의 비율을 조정하기 위한 이행 프로그램을 수립하라는 내용도 들어 있었다. 흑인학생연합이 요구하는 목표를 하나로 아울러 표현하면, MIT에 재학하는 모든 흑인 학생 및 소수 민족 학생들이 MIT에서의 생활에 더 잘 융합해야 한다는 것이었다.

흑인학생연합은 요구안, 혹은 '제안서'를 폴 그레이Paul Gray 부학장(나중에 그는 MIT의 총장이 된다)에게 전달했다. 그는 셜리의 사려 깊고 합리적인 주장을 경청했다. 이 모임의 후속 조치로, 부학장은 '교육기회대책위원회Task Force on Educational Opportunity'를 조직하고, 셜리를 학생 대표로 임명했다. 이 교육기회대책위원회는 흑인 학생 여섯 명과 교수 및 행정관 여섯 명으로 구성되었다.

교육기회대책위원회를 운영하면서, 셜리와 폴 그레이 박사(오른쪽)는 가끔씩 의견이 엇갈렸지만 항상 서로를 존중했다.

대책위원회는 매주, 때로는 한 주에 여러 번 모임을 가졌고, 만날 때마다 몇 시간씩 보내기도 했다. 그들은 논쟁을 거쳐, 정책을 개발했고 소수 민족 학생을 지원하는 절차도 만들었다. 이 모임은 종종 팽팽한 공방이 오가긴 했어도, 대립 양상으로 치닫지는 않았다. 셜리의 입장을 확고했으며 호소력 있게 학생들을 대변했다. 그녀는 그레이 박사와 언쟁을 벌일 때도 있었지만, 서로의 정

흑인학생연합 소속 학생들이 농구 대회 트로피를 자랑스럽게 보여주고 있다.

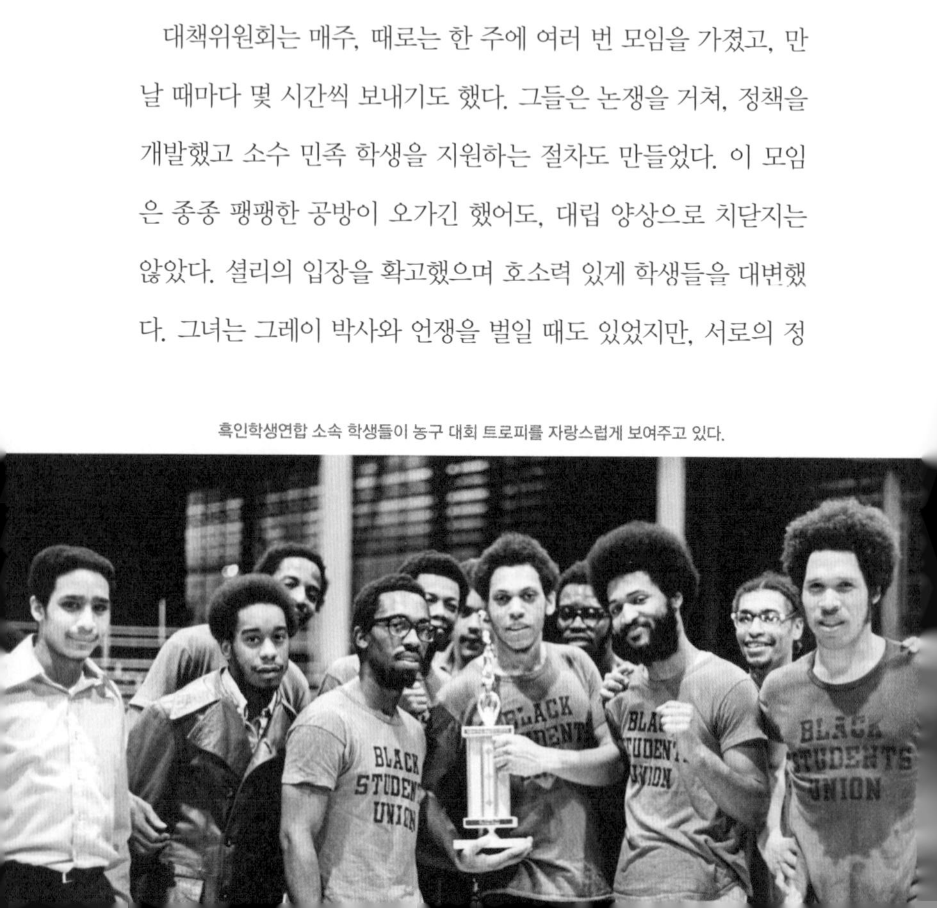

직성을 한 번도 의심하지 않았고 항상 서로를 존중해주었다. 셜리는 견해 차이가 큰 이슈에서도 합의점을 찾아내는 데 특별한 능력이 있었다. 고작 스물두 살에 불과했지만, 그녀는 대책위원회의 어느 누구보다 더 센스가 있었으며 더 나은 결정을 도출하는 능력을 자주 보여주었다.

길 위에서

대책위원회는 첫해에 많은 성취를 이루었다. 대학 당국은 우편물을 발송해서 흑인 학생을 더 모집했고, 소수 민족 학생들을 대상으로 한 재정 지원 정책을 세웠으며, 행정직과 교수진에 흑인을 더 많이 채용하기도 했다. 또 MIT의 힘든 교과 과정을 미리 준비할 수 있도록 소수 민족 신입생들을 위한 여름학교도 개설했다.

대책위원회 활동 2년차에는, MIT 학생들을 각 고등학교에 보내는 등 학생 모집 활동을 확대했다.

셜리는 미국 중서부의 클리블랜드, 애크런, 디트로이트, 신시내티 등지의 고등학교를 찾아가 상담 지도사, 교장 선생님, 교감 선생님 등을 만났다. 그녀는 세계 최고 수준의 MIT 학생들을 언급하며, 학생들이 MIT에 지원해야 하는 이유를 설명했다. 이렇게 셜리와 대책위원회 학생들은 고등학교 100군데 이상을 돌아

아프리카계 미국인 학생을 모집하는 것은 대책위원회가 가장 주안점을 둔 활동이었다.

다녔다. 이런 노력은 좋은 결과를 낳았다. 학생 모집 프로그램을 실행한 첫해에, MIT에 입학하는 흑인 학생들의 수가 다섯 명에서 쉰일곱 명으로 급증했다.

셜리는 대학원 과정의 공부를 해나가면서, 이런 활동도 병행했

MIT 교육기회대책위원회의 성공적인 활동은 1970년대에 아프리카계 미국인으로 이루어진 복음 성가대만 봐도 잘 알 수 있다.

다. 다행히, 대학원 수업 초기에는 그녀가 학부 때 배웠던 것과 같은 자료를 많이 썼다. 이렇게 일 년이 지나자 슬슬 버거워져 활동을 줄여나갔다. 그녀는 일반 시험을 준비할 시간이 필요했다. 박사 과정 학생들은 박사학위 자격을 취득하기 위해 시험을 치러야 했다. 이 시험은 3년차 이내에 치면 되지만, 셜리는 대학원에 진학한 지 일 년 반 만에 이 시험을 가뿐히 통과했다!

아버지의 조언을 따르다

셜리가 자라면서, 아버지는 그녀가 힘들 때마다 다음과 같은 말을 자주 하곤 했다. "다른 사람을 통제하려 들지 말거라. 이 세상도 네 마음대로 조종할 수 있는 게 아니란다. 어차피 일어날 일은 일어나게 돼 있어. 다만 최선을 다할 수 있지. 확실한 건 너의 최대 영향력은 네가 어떻게 네 자신을 통제하는지에 달려 있다는 거야."

셜리는 아버지의 조언을 가슴속 깊이 묻어두었으며, 이것을 매번 되새기며 살았다. 그녀는 대학생 때 겪었던 모든 고초를 긍정적인 변화의 계기로 삼았다. 아픔에 젖어 있는 대신, 그녀는 아프리카계 미국인인 MIT 재학생들에게 자신이 무슨 도움을 줄 수 있을지를 고민했다. 셜리는 그 일을 정말 열심히 했다.

셜리는 아직 학생 신분이었으나

인터페이즈 프로젝트에서

전체 물리학 교과목을 담당하게 되었다.

'인터페이즈' 프로젝트에 참여한 셜리.

6장

큰 그림

교육기회대책위원회는 MIT에 많은 변화를 불러왔다. 그중 인터페이즈Interphase 프로젝트, 즉 간기間期 프로젝트가 가장 성공적인 것이었다. '인터페이즈'란 고등학생에서 대학생으로 바뀌는 기간을 의미한다. 인터페이즈 프로젝트는 가을 신학기를 대비해 6주 동안 진행되는 여름 학기 프로그램으로 소수 민족 학생들이 대학 공부에 잘 적응할 수 있도록 미리 준비를 시켜주는 내용으로 구성되었다. 셜리 역시 이 프로그램이 MIT에 적응해야 하는 후배들에게 자신의 경험과 지식을 전달해줄 좋은 기

'인터페이즈' 프로젝트에 참여하는 소수 민족 학생들은 셜리 같은 학생 강사들에게 도움을 받았다. 셜리는 MIT의 과학 교과목에 대비하려면 물리학의 기초와 문제풀이가 중요하다고 강조했다.

회라고 생각했다.

프로그램에는 물리학, 미적분, 작문, 실험 교과목들이 포함됐는데, 셜리는 물리학을 가르쳤다. 물론 담당 교수의 감독 아래 진행했지만, 셜리는 직접 강의 내용과 교수 방법을 고민하고 성실히 준비했다. 그녀의 아이디어가 늘 받아들여지지는 않았다.

그 당시 인터페이즈 프로그램에서는 어떻게 해야 학생들이 물리학에 대해 흥미를 갖게 될지 실험적으로 시도해보려고 했다. 담당 교수는 학생들이 물리학에 관심을 갖게 하는 것이 중요하다고 여겼고, 여러 실습을 통해 물리학을 잘 배우면 할 수 있는 것들이 많다는 것을 깨닫게 해주는 내용으로 구성하고자 했다.

하지만 셜리는 물리학을 재미있게 가르치는 것이 신입생들에게 꼭 필요한 것은 아니라고 생각했다. MIT 신입생들 정도면 이미 공부에 동기 부여가 되어 있는 학생들이고, 과학과 수학에 관심이 많은 학생들이기 때문이다. MIT에 입학을 했다는 것만 봐도 고등학교에서 열심히 공부한 우등생들이라는 것은 두말할 나위도 없었다. 하지만 셜리는 MIT에서 보내는 첫해가 신입생들에게 얼마나 힘들지, 공부할 것이 얼마나 산더미처럼 많을지 눈에 선했다. 수업 진도는 엄청나게 빨리 나간다. 신입생 대다수는 셜리처럼 고등학교 때 미리 선행 학습을 하지도 않았을 것이다.

셜리는 MIT의 새내기로 첫 일 년을 무사히 보내려면 기초를 튼튼히 다져두는 것이 필요하다고 생각했다. 그녀는 학생들에게

인터페이즈 프로젝트의 강사들은 기초 과학 수업에 관심을 갖도록 주요 개념들을 시연해가며 설명했다.

학업 성취도를 높이려면 실제 문제들을 많이 풀어야 하고, 그래야 기초가 다져져 학기 중에 수행해야 할 프로젝트를 문제없이 해낼 수 있다고 강조했다. 셜리는 신입생들이 이런 노력을 해야 물리학이라는 학문의 큰 그림을 이해하는 데 도움이 된다고 믿었으며, 문제를 실제로 풀어보는 게 중요하다고 생각했다. 따라서 셜리는 이런 생각을 바탕으로 수업을 진행했다.

셜리는 운동과 힘의 법칙을 다루는 뉴턴역학을 집중적으로 가르쳤다. 뉴턴역학은 분석적인 사고를 기르는 데 매우 유용했다.

모든 것은 상대적이다

1916년 알베르트 아인슈타인Albert Einstein은 그동안 사람들이 알고 있던 세상의 법칙을 뒤집는 이론을 발표했다. 그는 이를 '일반상대성이론general theory of relativity'이라고 불렀다.

아인슈타인의 이론은 시공간의 휘어짐이 중력이며, 이런 시공간의 휘어짐은 두 물체 사이의 힘으로 지각된다고 제시했다. 아인슈타인은 공간 내부에 있는 물체에 따라 공간이 휘어진다고 말한다. 트램펄린 위에 무거운 공을 올려놓았을 때 공을 따라 바닥이 휘어지는 것을 떠올려보자. 이때 만들어진 곡선은 다른 물체들이 서로 다가가도록 해준다. 이는 트램펄린 위에 있는 무거운 공 쪽으로 구슬이 굴러가는 현상과 같다. 즉, 공간이 휘어져 있기 때문에 이동하는 빛 또한 무거운 물체 쪽으로 빨려간다. 따라서 빛의 경로가 휘어진다는 것이다. 이런 현상은 우주 관측에 영향을 끼친다.

아인슈타인의 이론은 1919년 일식이 일어날 때 검증되었다. 먼 곳에 있는 별이 천문학자들이 알고 있는 위치와 다른 곳에서 관측된 것이다. 이는 빛이 태양의 당기는 힘에 의해 휘어졌기 때문이라는 사실을 보여준다. 이로써 아인슈타인의 상대성이론은 과학적으로 증명되었다.

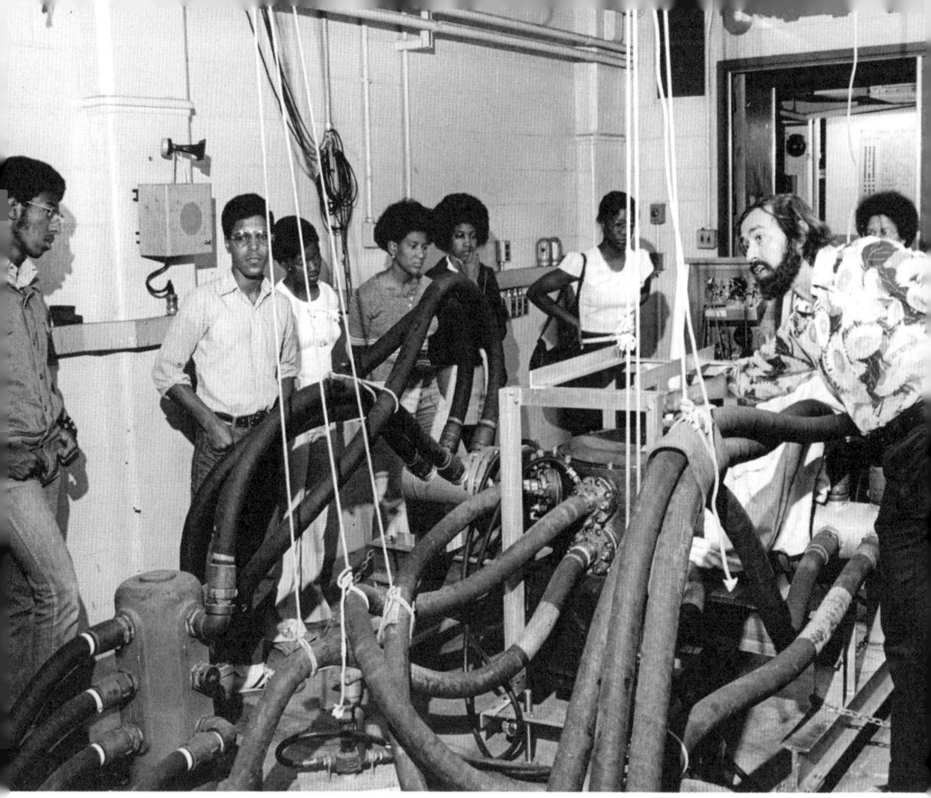

인터페이즈 프로젝트의 강사 브라이언 슈워츠(오른쪽)가 신입생들에게 실험을 보여주고 있다.

더 좋은 운동화를 만드는 것에서부터 안전한 자동차 설계, 화재 진압, 우주 탐험에 이르기까지 이 모든 것은 '운동'과 결부되어 있으며, 뉴턴역학은 바로 그 기초가 되기 때문이다. 뉴턴역학을 모르고서는 아인슈타인의 상대성이론은 엄두도 못 낸다.

셜리의 '기본기를 다지는 수업'은 매우 성공적이었다. 실험 중심으로 진행되는 다른 반 학생 중에서 셜리의 수업을 들으러 오는 학생도 있었다.

이듬해 여름에는 프로그램을 소수 민족 학생들뿐 아니라 좀 더 많은 학생들이 참여할 수 있도록 개방했다. 셜리는 아직 학생 신분이었으나 인터페이즈 프로젝트에서 전체 물리학 교과목을 담당하게 되었다. 그녀는 신입생이 알아야 할 가장 중요한 개념이 무엇인지 고민하면서 프로그램을 준비했다.

예를 들어, 셜리는 물리학 문제를 잘 풀려면 수학이 매우 중요하다고 생각했다. 한정된 시간 내에 문제풀이를 하는 연습도 필요하다고 판단하여 이런 내용들을 프로그램에 반영했다.

타인을 위한 봉사

대학원 과정 마지막 2년 동안 셜리는 캠퍼스 밖에 있는 2층 건물의 아파트에서 살았다. 1층에 있는 침실 한 개짜리 아파트였다. 셜리는 아파트를 검소하면서도 안락한 공간으로 만들었는데, 빈백Beanbag 의자와 램프로 거실을 꾸몄고, 다이닝룸에는 작은 식탁과 의자를 두었으며, 침실에는 침대와 옷장을 가져다 놓았다.

그녀의 아파트는 기출 시험 문제지와 수많은 책으로 채워졌다. 수업 때 사용해야 하는 전공 교과서 외에도, 돈만 생기면 관련 주제의 책들을 많이 사들였기 때문이다.

셜리는 자신이 학부생일 때 흑인이라서 참여하지 못했던 그룹 스터디를 후배 학생들이 할 수 있도록 자신의 아파트를 개방했다.

셜리의 아파트에서는 기출 시험 문제지들을 풀어볼 수도 있고, 몇 년 전에 셜리가 직접 만들어 둔 물리학 문제들도 활용할 수 있었다. 참고 서적이 가득한 훌륭한 서재를 사용할 수 있다는 것은 학생들에게 큰 장점이었다.

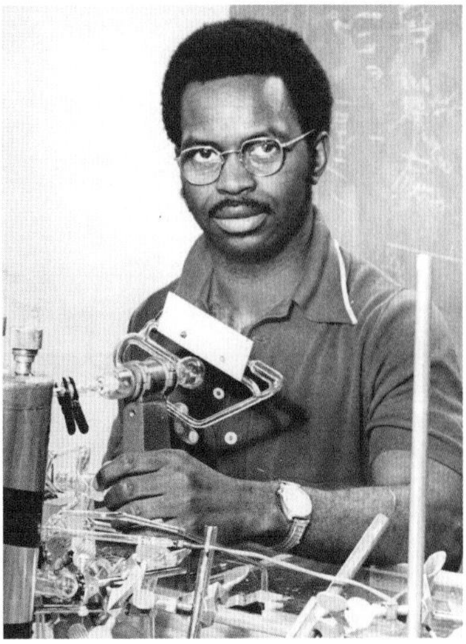

셜리와 친구가 된 론 맥네어는 레이저물리학을 연구하는 대학원생이다. 론은 어떤 어려움에 굴하지 않고 성공하려는 의지를 보였는데, 셜리는 마치 자신을 보는 것 같았다.

셜리의 아파트는 MIT의 새내기 아프리카계 미국인 학생들에게 아지트가 되었다. 이들은 거의 남학생들이었는데, 모두 공부를 진지하게 생각했고, 최선을 다해 MIT 대학 생활을 보내려고 결심한 학생들이었다.

그중 론 맥네어Ron McNair라는 학생은 더 열심히 공부했다. 1970년에 셜리를 처음 만났을 때 론은 노스캐롤라이나 A&T 주립대학교 학생으로, 3학년 봄 학기에 MIT에서 수업을 들었다. 당시 MIT는 우수한 흑인계 학생들을 끌어오려는 노력의 일환으로 교환학생 프로그램을 만들었고, 결국 론도 1971년에 MIT에 대학원생으로 입학했다. 이때부터 셜리와 론은 좋은 친구 사이가 되었다.

셜리가 식탁에 앉아 자신의 졸업 논문에 활용될 계산을 하고 있을 때, 론은 거실에서 셜리가 모아놓은 연습 문제들을 열심히 풀었다. 간간이 론은 셜리에게 자기가 풀고 있는 문제를 가져와 질문을 하기도 했고, 그때마다 셜리는 그 문제를 함께 검토하곤 했다.

어느 날 밤 론이 케임브리지에서 노상강도를 당했다. 빼앗긴 서류 가방에는 그동안 론이 논문을 쓰려고 모아둔 모든 데이터가 들어 있었다. 몇 년에 걸쳐 레이저물리학 실험으로 수집한 데이터들을 모두 잃어버린 것이다.

이런 어려운 상황에서도 론은 셜리의 성원과 격려, 그리고 자신의 굳건한 의지로 밤낮을 가지지 않고 실험을 새로 진행했다. 결국 그는 일 년도 안 돼 데이터를 복원해 학위 논문까지 끝냈다. 어떤 어려움에도 굴하지 않고 본인의 목표를 향해 끝까지 도전하는 론의 모습에서 셜리는 자기 자신을 보는 것 같았다. 론 역시 셜리처럼 자기 꿈을 이루기 위해 전진하는 강한 내면의 힘을 지닌 사람이었던 것이다. 비록 두 사람은 서로 다른 길을 갔지만 오랫동안 좋은 친구로 지냈다.

앗! 벌에 쏘이다

1971년, 대학원 과정 3년차 여름에 셜리는 콜로라도주 볼더

Boulder에 머물렀다. 콜로라도 대학교에서 개설한 연례 이론물리학 여름학교에 등록해, 세계 여러 나라에서 온 교수와 물리학자들의 다양한 강의를 듣고 있었던 것이다. 그 강사 중 두 명이 셜리에게 지대한 영향을 끼쳤다.

한 명은 캘리포니아 주립대학교 버클리 캠퍼스의 이론물리학 교수 해리 모리슨Harry Morrison이었다. 그동안 셜리가 만난 아프리카계 미국인 이론물리학자 중에 주요 대학의 종신 재직권을 가진 교수는 이 사람이 처음이었다. 셜리는 모리슨 박사뿐만 아니라 그의 부인 해리엣Harriet과도 친해져서 여러 번 집도 방문했다. 셜리는 자기만큼 지식욕이 강한 사람과 사귀는 걸 무척 좋아했다. 모리슨 박사 집에도 수학과 물리학 분야의 책이 산더미같이 쌓여 있었다.

나머지 한 명은, AT&T 벨연구소의 이론물리학자 존 클라우더John Klauder로, 그는 셜리의 미래에 작지만 매우 중요한 영향을 주었다.

여름학교의 수학과 물리학 강의는 셜리에게 원기를 불어넣었다. 또 콜로라도 로키스Colorado Rockies로 종종 다녔던 하이킹 덕분에 셜리의 몸은 활력으로 가득 찼다. 정말 많은 추억을 남겨준 여름이었다. 특히 셜리는 그녀 자신과 꿀벌에 대해 알게 해주었기에 더욱 잊을 수 없었다.

어느 날 덤불 사이로 지나가고 있었는데 갑자기 오른쪽 새끼손

가락이 아파오기 시작했다. 셜리는 자신의 손가락을 보고는 기겁했다. 꿀벌 한 마리가 손가락에 매달려 있었다. 툭 흔들어 벌을 쫓아버리기는 했으나 벌침이 남아 있었다. 침을 빼고 나니 손목 근처까지 퉁퉁 부어올랐다. 다행히 의료진의 치료를 바로 받았고, 셜리는 자기에게 벌 알레르기 반응이 있다는 사실을 처음으로 알게 되었다. 어린 시절 벌들을 병에 모으던 때를 회상해보니 그동안 한 번도 벌에 쏘이지 않아서 벌 알레르기가 있다는 사실을 몰랐던 것이다. 차라리 몰랐던 게 다행이라고 생각했다.

여러 최초들 중의 최초

1973년 가을, 셜리는 MIT에서 박사학위를 받았다. 학교의 전 분야를 통틀어 박사학위를 받은 최초의 아프리카계 미국인 여성이었다.

정식 졸업식은 1974년 6월에 열렸다. 행사장은 제2차 세계대전 당시 비행기 격납고로 사용됐다가 이제는 운동 경기장으로 사용되는 록웰 케이지였다. 박사학위의 후드를 씌워주는 순간 셜리의 부모와 여동생 글로리아는 예년과 다름없이 셜리를 지지하는 마음으로 그 광경을 지켜보았다. 고등학교 수학 선생님이었던 스미스 여사도 함께 참석했다. 셜리의 아버지에게 셜리의 박사학위는 자신의 희망과 꿈의 실현이기도 했다. 그의 딸은 이제 셜리 앤 잭슨 박사가 된 것이다.

셜리에게는 인생에서 '최초'라는 타이틀이 붙는 또 하나의 순간이었다.

무엇보다도 셜리에게 가장 인상적이었던 것은

실험실 건물 아래에 있는 것이었다.

약 6킬로미터 크기로 된 반지 모양의

원형 실험 장비가 땅 밑에 묻혀 있었다.

셜리가 페르미연구소에서 박사 후 과정 연구를 시작했을 때는 윌슨 홀이라고 알려진 우아한 고층 빌딩은 완성되지 않은 상태였다.

7장

고에너지

셜리는 워싱턴 D.C.에서 성장하고, 보스턴에서 학교를 다닌 도시 소녀였다. 하지만 1973년 박사학위를 취득하자마자 그녀는 중서부의 대초원에서 지내게 되었다. 미국 시카고 근교 바타비아Batavia에 위치한 페르미 국립가속기연구소Fermi National Accelerator Laboratory, 약칭 페르미연구소로 알려진 입자가속기연구소에서 박사 후 과정 연구원으로 일을 하게 된 것이다. 연구소는 시카고에서 약 56킬로미터 서쪽에 있는 약 27제곱킬로미터의 농장 지대에 위치해 있고, 가장 작은 물질로 알려진 아원자 입자와 입자 간의 상호작용을 중점적으로 연구하는 곳이다.

셜리는 그곳의 드넓게 트인 땅이 놀라웠다. 멀리서 보면 단층집과 건물이 점점이 보였고, 막사라고 불리는 이곳에서 과학자들은 다양한 실험을 하고 있었다. 더 놀라운 광경은 아메리칸 들소들의 방목지가 실험실 주변에 있다는 것이었다. 연구소 설립자 로버트 윌슨Robert R. Wilson은 일리노이의 '대초원 역사'를 기억하기 위해 들소들을 데려왔다. 들소는 이 연구소가 고에너지 물리학의 선봉에 있다는 것을 상징했다.

무엇보다도 셜리에게 가장 인상적이었던 것은 실험실 건물 아래에 있는 것이었다. 약 6킬로미터 크기로 된 반지 모양의 원형 실험 장비가 땅 밑에 묻혀 있었다. 바로 물리학자들이 원자를 거의 빛의 속도로 가속시킬 수 있는 양전자가속기였다.

정책과 관례

페르미연구소 소장 로버트 윌슨 박사는 인권 정책을 적극적으로 추진했다. 그는 "인종, 종교, 성별, 국적에 상관없이 모든 사람들이 긍지와 자존심을 가지고 일하는 연구소"라는 연구소의 구체적인 정책을 공표했다. 윌슨 박사가 마틴 루터 킹 목사에게 보낸 내용이기도 한데, 그는 "기술 진보와 인권이 대립하는 경우가 생긴다면, 우리는 인권을 존중한다."라고 밝혔다.

하지만 물리학자들 모두가 윌슨 박사의 이상을 전적으로 수용하기만 한 것은 아니었다. 흑인 여성이 중요한 연구에 참여한다는 페르미연구소의 설립자이자 소장인 로버트 윌슨 박사는 인권 정책을 독려했으나, 모든 과학자가 아프리카계 미국인 여성의 연구 참여를 환영한 것은 아니었다.

것이 생소했고, 셜리를 어떻게 받아들이고 대해야 할지 난감해하기도 했다. 노골적으로 안 좋은 티를 낸 것은 아니지만, 냉소적인 그들의 행동은 MIT 학부 시절을 연상케 했다.

페르미연구소 바깥세상도 그녀를 반기는 것은 아니었다. 처음에는 연구소 근처에 있는 호텔에 묵었다. 그러기를 한 달, 셜리는 호텔이 아니라 살 집을 구해야겠다는 생각에 연구소 근처에 방을 얻으려 했지만, 집주인들이 좀체 흑인 세입자를 들이고 싶어 하지 않았다. 인권 운동을 통해 좋아지고 있다고는 하나 여전히 아프리카계 미국인에 대한 차별은 심했다.

셜리는 연구소에서 좀 더 먼 곳에서도 방을 찾아보았지만 역시 소용이 없었다. 한번은 마음에 드는, 새로 단장한 아파트가 눈에 띄었다. 보증금을 내려고 주인아주머니를 만났더니 "남편에게 먼저 이야기를 해봐야겠네요."라고 했다.

다음 날 한껏 기대를 하고 계약을 하러 갔는데 주인아주머니가 이렇게 말했다. "잭슨 양, 미안해요. 매우 똑똑한 아가씨로 보이는데요, 남편과 제가 예전에 히스패닉 의사에게 세를 주었다가

페르미연구소에서 지냈던 때를 회상할 때면, 메리 K. 게일라드라는 동료 연구자와 눈길을 헤치고 걸어가면서 물리학을 논의했던 게 아련하게 떠오른다. 셜리는 일리노이주 바타비아의 아름다운 자연환경을 좋아했다.

곤란을 겪은 적이 있어요. 없던 일로 할게요."

더 이상 희망이 없다고 생각한 셜리는 시카고로 갈 수밖에 없었다. 연구소에서 많이 떨어지기는 하지만, 그래도 도시에서는 아프리카계 미국인이 방을 구할 수는 있었다.

셜리는 윈디 시티Windy City(시카고의 속칭—옮긴이)에 아파트를 구했다. 하지만 통근하기에는 적지 않은 거리였다. 왕복으로 110킬로미터여서 기름 값이라도 줄이려고 연구소에서 일하는 컴퓨터 프로그래머 세 명과 함께 카풀(승용차 함께 타기)을 하기로 했다. 모두 시카고의 다른 지역에 살았기 때문에 도심지 근처의 솔저 필드Solider Field라는 곳에서 아침마다 만났다. 같은 시간대에 근무할 때는 카풀이 매우 유용했지만, 좀 더 남아서 일을 하고 싶을 때는 이야기가 달라졌다. 그럴 때는 기차역까지 같이 가줄 수 있는 누군가를 찾아야 했고, 시카고까지 기차로 가서는 솔저필드까지 다른 기차로 갈아타고 간 다음, 거기서 차를 몰고 집까지 가야 했다.

시카고 알아가기

애초부터 시카고에서 살려고 하지는 않았지만, 도시 생활이 많은 도움이 되었다. 셜리는 시카고의 박물관과 밤 문화를 알게 되었고, 연구소 근처에 살았다면 알지 못했을 다양한 친구들을 사귈 수 있었다.

셜리가 실제로 명석하고 진지한 연구자라는 것을 알게 되자 냉소적이던 연구소 사람들도 차츰 마음을 열기 시작했다. 셜리에게도 친구가 생기기 시작했다. 특히 유럽에서 온 방문 연구원 메리 게일라드Mary K. Gaillard와는 막사와 구내식당을 오가면서 오랫동안 많은 이야기를 나누었다. 종종 눈 덮인 길을 함께 터벅터벅 걸어가야만 했던 많은 시간 속에서 메리와 셜리는 더 친해졌다.

정치 문제, 물리학 그리고 삶의 전반적인 내용을 가지고 이야기를 나누었다. 성격이 서로 다르기는 했지만 중요한 문제는 대부분

견해를 같이했다.

유럽을 가다

페르미연구소에서 일 년 정도 지났을 때, 셜리는 스위스 제네바에 있는 유럽입자물리연구소Conseil Européenne pour la Recherche Nucléaire, CERN에서 연구하기 위하여 포드 재단Ford Foundation에 박사 후 과정 펠로십(실험 경비에 도움을 받을 수 있는 자금)을 신청했다.

CERN은 세계 최대의 입자물리연구소로, 전 세계에서 온 수천여 명의 물리학자들이 모여 있는 곳이었다. 1954년에 창립된 이곳은 월드와이드웹World Wide Web을 포함해 여러 가지 중요한 발명과 연구 성과를 이루어낸 곳이기도 하다. 우리가 통상적으로 사용하는 인터넷망은 사실 전 세계의 대학과 연구소에서 근무하는 물리학자들이 서로 정보를 공유하려고 개발한 것이다. 이제 세계는 인터넷 없이는 일상생활도 영위하기 힘들게 되었다.

셜리는 예전에 대학원 학생일 때 포드 펠로십을 받았고, 재단은 셜리의 연구에 대해서 잘 알고 있었다.

당시 박사 후 과정 펠로십은 없었지만, 포드 재단은 셜리에게 특별히 급여와 여행 경비로 사용할 수 있는 개인 연구비를 지급하기로 결정했다. CERN에서의 생활비가 시카고에 비해 훨씬 많

입자 깨뜨리기

아원자의 입자는 너무 작아서 고배율 현미경으로도 볼 수 없다. 그렇다면 보이지도 않는 것을 어떻게 연구할까?

한 가지 방법은 입자가속기를 이용하는 것이다. 길이가 몇 킬로미터가 넘는 이 거대한 기계는 입자를 거의 빛의 속도로 가속시켜 입자끼리 또는 입자와 다른 물질을 서로 충돌시킨다. 약 1초에 200만 번씩 충돌이 일어나면서, 입자들이 서로 부딪치고 튕겨 나온다.

이러한 충돌의 결과, 입자는 아원자 입자라고 부르는 조각으로 흩어지게 된다. 연구자들은 실제로 이 조각들을 볼 수 없다. 대신 소규모 아파트 건물 크기만 한 정교한 검출기를 사용하여 빛이 만들어낸 자국이나 에너지 분출과 같은 충돌의 '흔적'을 감지한다. 컴퓨터는 검출기로 수집한 이런 정보를 계산하여 그 흔적들을 모니터로 보여준다. 연구자들은 이런 정보를 '읽으면서' 입자에 관해 알아내고, 입자들 간의 상호작용을 제어하는 힘도 연구한다. 이렇게 감지된 흔적으로 입자의 질량과 전하량을 파악할 수 있다.

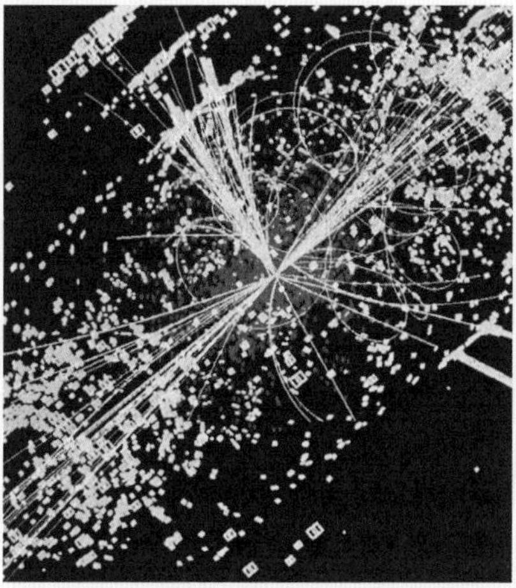

위 사진 : 입자의 충돌로 만들어진 빛의 자국 또는 흔적들은 컴퓨터 이미지로 만들어지고, 이 이미지는 입자들의 상호작용에 대한 비밀을 풀 수 있게 해준다. **오른쪽 사진** : CERN에 있는 입자가속기의 극히 일부만 보여주고 있다.

항공 사진으로 보면, CERN의 배경에 알프스 산맥이 보인다. 셜리는 이 장엄한 산에서 종종 스키도 즐기고 하이킹도 했다.

이 든다는 사정을 감안해 생활비를 추가로 보조해주기로 했다.

셜리는 CERN에서 일할 기회를 잡았다. 이는 페르미연구소에서 친분을 쌓은 메리가 유럽으로 돌아가서 만들어준 기회이기도 했다. 둘은 함께 중성미자neutrino 연구를 진행해 공동 논문을 썼다. 중성미자는 우주에 존재하는 가장 신비로운 입자로 알려져 있으며, 전기적으로는 중성이면서 질량은 거의 없는 입자다.

중성미자는 마치 유령처럼 아무리 두껍고 밀도가 높은 고체라 해도 아무런 변화 없이 통과할 수 있다.

셜리는 그때까지 미국 밖에서 살아본 적이 한 번도 없었지만, 여행 경험이 많이 있었기에 별 문제 없이 스위스 생활에 바로 적응했다. 지갑에는 미국 달러 대신 스위스 프랑이 들어 있었고, 이탈리아와 독일어 단어들이 그녀가 사용하는 말 속에 스며들기 시작했다. 셜리는 프랑스어도 익혔다. 하얀 눈으로 뒤덮인 멋진 산봉우리들과 100년도 더 된 오래된 건물들이 늘 셜리의 시야에 들어왔다.

매주 일요일에는 제네바 구시가 쪽에 있는 레스토랑을 찾아 녹인 치즈에 프랑스 빵 조각을 찍어 먹는 치즈 퐁듀를 주문하기도 했다. 거기서 프랑스어 신문 〈르몽드*Le Monde*〉와 영문 일간지 〈인터내셔널 해럴드트리뷴*International Herold Tribune*〉을 읽었다. 그러고 나서 주변 공원을

제네바는 스위스에서 취리히 다음으로 인구가 많은 도시다. 멀리 보이는 것은 바로 제네바에서 가장 눈에 띄는 랜드마크, 제네바호의 제트 분수다. 약 140미터 높이까지 물이 솟아오른다.

입자가속기 외에도 CERN에는 세계에서 가장 큰 입자검출기 중의 하나인 대형 유럽 버블 챔버Big European Bubble Chamber가 있다.

거닐고, 소설을 읽기도 했다.

무엇보다도 셜리는 CERN에서 일하는 것이 매우 좋았다. 페르미연구소에서 늘 부족했던 동료애를 느낄 수 있었다. CERN에서 근무하는 과학자들은 세계 여러 나라에서 온 사람들인지라 다른 인종과 민족에 대해 서로 배려하고 이해했다. 특히 유럽과 아시아 출신들은 미국에서 벌어졌던 노예 역사와 인종 갈등의 영향을 받지 않았다.

셜리는 좀 더 쉽게 친구들을 사귈 수 있었고, 스스로도 사교적인 분위기를 만들려고 노력했다. 동료들이 자신을 집으로 초대해 저녁 식사를 대접하면, 셜리도 그에 보답했다. 스키도 배웠고 알프스 산맥을 하이킹하기도 했다. CERN에서 함께 일하는 사람들 중 특히 독일에서 온 물리학자 부부 바버라Barbara와 프리트거 슈렘프Fridger Schremp와 친하게 지냈는데, 종종 함께 산으로 차를 타고 올라가 제네바가 내려다보이는 잔디밭에 앉아 양고기를 구워가며 와인과 치즈도 곁들인 점심 피크닉을 즐겼다. 식사할 때, 휴대용 카세트 플레이어에서는 티나 터너Tina Turner의 감동적인 노래가 흘러나왔다.

맵시 쿼크

우연한 행운으로, 셜리는 물리학 분야에서 매우 흥미로운 사건이 일어났던 시기에 CERN에 있었다. 1974년 11월, 새로운 입자가 발견된 것이다. 그런데 이를 발견한 연구자 중 한 명이 바로 셜리가 MIT 시절부터 알고 지내던 새뮤얼 팅Samuel C. C. Ting 교수였다. 다른 연구자는 샌프란시스코 근방에 있는 스탠퍼드선형가속기센터Stanford Linear Accelerator Center의 버턴 릭터Burton Richter였다. 팅은 당시 롱아일랜드에 있는 브룩헤이븐국립연구소Brookhaven National Lab에 재직 중이었지만, CERN에도 연구진이 있어서 종

셜리가 MIT 시절부터 알고 지내던 새뮤얼 C. C. 팅 교수는 CERN에도 연구진이 있어서 종종 그곳을 방문했다. 1976년에 그는 새로운 입자인 J/Ψ를 발견하여 노벨상을 받았다.

종 방문했다. 팅과 릭터는 맵시 쿼크와 반-맵시 쿼크로 짝을 이루고 있는 J/Ψ 입자를 따로 발견했다(반-맵시 쿼크는 맵시 쿼크와 질량만 같고 다른 특성들은 모두 반대이다. 예컨대 반대 전하를 가지고 있는 입자다).

이 발견은 대대적인 사건으로, 팅과 릭터는 이 업적으로 1976년에 노벨상을 받았다. 셜리 같은 과학자들의 가슴을 뛰게 하는 사건이었다. 이론물리학자가 설명한 훌륭한 개념들이 과학적으로 정확했다는 것을 입증하는 사례였기 때문이다. 이 사건은 오랜 시간을 들여 연구할수록 더 가치가 있다는 것을 깨닫게 해주었고, 과학자들에게 올바른 질문과 답을 찾아가는 꾸준한 탐색이 얼마나 중요한지 다시금 일깨워주었다.

셜리는 일 년 동안의 CERN 펠로십 기간을 마치고 페르미연구소로 돌아와 박사 후 과정 연구원으로서 2년차 업무를 마무리했다. 하지만 어려운 결정을 앞두고 있었다. '일자리가 별로 없는 고에너지물리학 분야에서 연구를 계속할까, 아니면 좀 더 기회가 많고 원래 셜리의 연구 분야였던 응집물질물리학으로 돌아갈까?'

셜리의 다음 진로가 결정된 것은 애틀랜타에서 개최된 물리학 학술대회의 저녁 식사 미팅 때였다.

강연을 연습할수록

앞으로 다가올 도전에 대한 기대가 더 커져갔다.

벨연구소의 다른 과학자들처럼 셜리도 칠판을 이용하여 문제를 풀곤 했다.

8장

벨연구소에서 보낸 시간들

1976년 3월, 셜리는 애틀랜타의 어느 레스토랑에서 AT&T 벨연구소의 책임자 모리스 라이스Maurice Rice와 저녁 식사를 하게 되었다. 1925년에 설립된 벨연구소는 우리가 현재 사용하는 대부분의 주요 통신 기술을 개발한 곳이다. 스테레오 녹음기, 발성 영화, 버튼식 전화기, 팩스, 통신위성, 레이저, 휴대전화 기술 등 이 모든 것들이 시작된 곳이기도 하다.

셜리는 수천 명의 물리학자들이 모이는 미국물리학협회 학술대회에 참석하기 위해 애틀랜타를 찾았다. 물리학 분야의 새로운 지식을 공유하기 위해 셜리는 대학원 시절부터 이 학술대회에 참여해왔다. 셜리와 라이스 박사와의 만남은 벨연구소의 이론물리학자 존 클라우더가 주선했다.

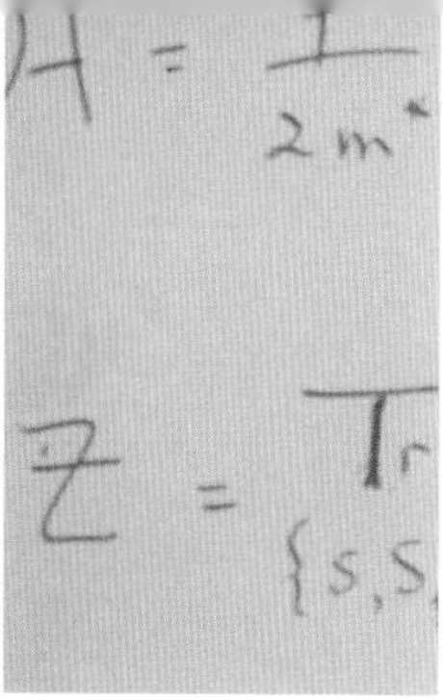
셜리가 일하면서 풀어놓은 수학 공식의 일부.

셜리는 라이스 박사에게 고에너지물리학에서 벨연구소가 관심을 갖고 있는 응집물질물리학 분야로 연구 주제를 바꾸고 싶다고 얘기했고, CERN에서 연구한 중성미자에 대해서도 설명했다. 라이스가 아무 말 없이 듣기만 해서 셜리는 그의 속내를 알 수 없었다. 45분가량 지나자 라이스는 셜리에게 뉴저지New Jersey주에 있는 벨연구소에 와서 강연을 해달라고 요청했다. 셜리를 인상 깊게 본 것이 분명했다.

셜리는 이번 강연이 면접이나 마찬가지라는 것을 알고 있었다. 벨연구소의 물리학자들은 여러 곳을 순방하며 자신들의 연구 내용을 많이 알리기 때문에 소통이 잘될 것 같았다. 그리고 라이스 박사가 그녀의 중성미자 연구를 인상 깊게 들어서 그것을 주제로 강연을 해야겠다고 결심했다.

이번 강연에 많은 것이 달려 있다고 생각하니 마음속에 수많은 질문이 샘솟았다. 과연 명확하게 설명을 잘할 수 있을까? 청중들이 발표 내용을 흥미롭게 듣고 뭔가 새로운 것을 알게 될까? 하지만 이런 걱정 따위에 조바심을 낼 셜리가 아니었다. 고등학교 시절 웅변대회에서 우승을 했던 그녀는 차질 없이 강연 준비를 해냈다. 강연 주제를 철두철미하게 연구하고 검토했다. 그리고 강연을 연습할수록 다가올 도전에 대한 기대는 더 커져갔다.

뉴저지주 머리 힐Murray Hill에 있는 벨연구소의 커다란 세미나실이 이론 및 실험 분야의 물리학자들로 꽉 채워졌고, 그들 앞에서 셜리는 강연을 하기 시작했다. 예상대로 훌륭한 강연이었다. 하지만 면접이 끝난 것은 아니었다. 이론물리학 분야의 연구자들과 연달아 일대일 면담을 해야 했다. 셜리는 그들에게 현재 연구하고 있는 고에너지물리학에서 응집물질물리학으로 연구 분야를 바꾸는 게 가능하다는 점을 설명하고 싶었다. 따라서 중성미자에 대한 이론적 연구를 응집물질물리학에 어떻게 적용시키고 발전을 가져올 수 있는지를 공들여 설명했다.

꿈의 직장

셜리는 학부 시절 이후로는 경험이 전무한 응집물질물리학 분야에서 기술직 직원으로 일 년 동안 일할 수 있게 되었다. 그녀의 지혜와 창의력이 만들어낸 결과였다. 이는 마치 테니스 선수가 갑자기 수영 선수가 되겠다고 하는 것과 다름없는 일이었다. 물론 둘 다 운동선수이기는 하지만, 테니스와 수영은 서로 완전히 다른 기술과 훈련이 필요한 종목이다.

셜리가 고에너지물리학에서 응집물질물리학으로 바꾼 것이 바로 그런 경우였다. 하지만 셜리는 훌륭하게 일을 해냈고, 일 년 계약이 마무리 되는 시점에 당당히 정식 기술직 직원이 되었다.

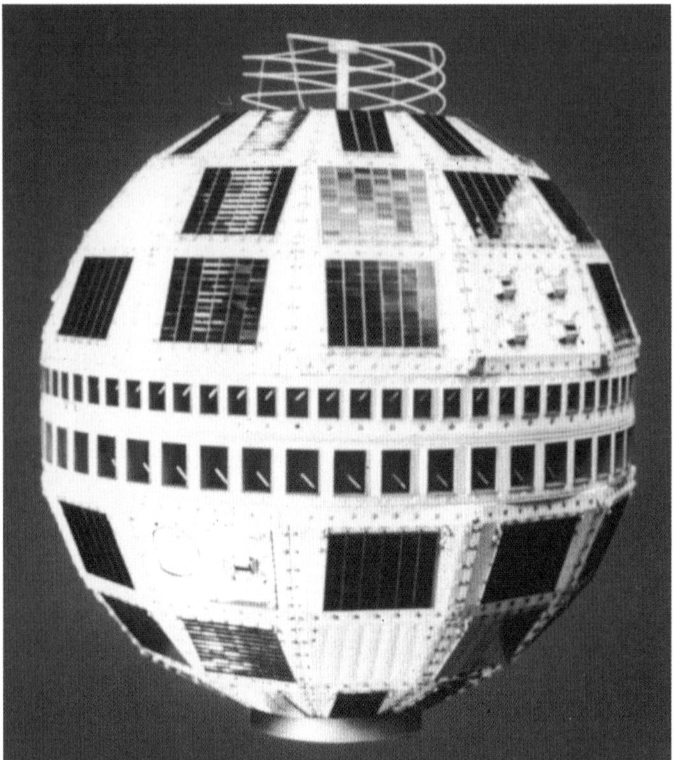

벨연구소가 만든 통신위성 '텔스타'는 1962년 7월 10일 우주로부터 최초의 TV 영상으로 성조기를 전송했다. 이후 텔스타는 국제 전화 통화, 텔레비전 프로그램, 무선 신호, 신문 기사를 전송했다.

AT&T에서 셜리가 맡은 업무는 새로운 기기를 개발하거나 개선하는 것이 아니었다. 그 일은 응용 연구 부서 과학자들의 몫이었다. 대신 셜리와 이론물리학자들은 중요한 문제들을 발견해서 주요 과학 학술지에 게재될 논문을 작성해야 했다. 그리고 그 연구 결과를 알리기 위해 세계 각지에서 발표를 해야 했다. 벨연구소는 지식을 발견하는 것 못지않게 결과를 알리고 서로 공유해야 과학 혁신에 기여한다고 믿었다.

벨연구소에서는 다음에 일어날 획기적인 내용이 어디에서 나올지 아무도 모른다는 입장을 견지했다. 또 연구자들에게 어디를 보고 무엇을 더 연구하라고 말한다면 이는 그들의 창의성을 가로막는 행위라고 여겼다. 예를 들어, 트랜지스터가 처음 발명된 1947년에 과학자들은 보청기에 사용될 것이라고 이야기했다. 하지만 이후 트랜지스터는 그 이상의 역할을 하고 있지 않은가! 트랜지스터가 없었다면 지금의 세상은 아주 달라졌을 것이다. 트랜지스터는 텔레비전은 물론 휴대전화, 자동차, 비행기, 컴퓨터 등 모든 곳에 필수적인 요소로 사용되고 있다.

정돈된 혼돈

셜리는 이론물리학자였기에 실험실이 아닌 연구실에서 일을 했다. 그녀의 연구실에는 수많은 책과 학술지로 가득했고, 종이 패드와 연필, 컴퓨터 그리고 물론 수식들이 빼곡히 적힌 칠판이 있었다. 그녀의 연구실에 들르는 사람이면 이런 뒤죽박죽 상태를 보고 놀랄 수밖에 없을 것이다. 여기저기 종이가 어수선하게 널려 있다. 하지만 셜리는 어디에 무엇이 있는지 정확히 알고 있었다. 대부분의 연구자가 그렇듯이, 셜리도 정돈된 혼돈 속에서 지냈다.

벨연구소 시절, 전자의 움직임에 관한 새로운 이론을 만들어내면서 이론물리학 분야에 '셜리 잭슨'이라는 이름을 널리 알렸다.

셜리는 일을 할 때 네 가지 도구를 이용했다. 연필, 종이, 컴퓨터 그리고 상상력이다. 그녀는 많은 시간을 독서와 사색, 특별한 문제에 적용할 만한 새로운 수학 기법을 익히는 데 할애했다. 그리고 다른 연구자들의 계산을 검증해보고, 어떻게 문제를 수학적인 형태로 만들었는지 검토하고 또 직접 풀어보기도 했다. 그렇다고 수학만 붙들고 있었던 것은 아니었다. 이론물리학자들은 수학을 물리 문제의 해답을 찾기 위한 도구 또는 물리적인 상황을 표현하는 도구로 사용한다.

셜리가 하는 대부분의 일은 반도체와 관련이 있었다. 반도체는 적절하게 주어진 상황에서만 도체로서 역할을 하는 물질로, 전자기기의 전류를 제어하는 데 사용된다. 반도체 자체는 자연물이 아니기 때문에, 기계를 이용해 규소, 비소, 인 같은 물질로 얇은 층을 쌓아 만들어낸다. 그런데 이렇게 샌드위치처럼 층을 쌓게 되면 서로 다른 방향으로 끌어당겨 이로 인해 변형력(응력)stress과 변형률(변형)strain에 의한 결함이 생길 수 있고, 이 결함들은 물질을 반도체로 쓸 수 없게 만들 수 있었다.

셜리는 이 문제를 가지고 한동안 고심했다. 계속 곱씹어볼수록 새 아이디어들이 나오기 시작했다. 그리고 마침내 셜리는 돌파구를 찾았다.

그녀는 물질들이 층으로 쌓여갈 때 나타날 수 있는 변형률을 예측하는 이론을 개발했다. 변형률 값을 미리 알 수 있으면, 과학자들이 어느 정도의 두께로 층을 만들어야 결함이 생기지 않는지 알아낼 수 있을 것이다.

셜리의 연구는 지금은 당연한 것으로 사용하는 반도체 레이저를 만드는 데 엄청나게 기여했다. CD로 음악을 들을 때, 마트에서 계산을 하려고 물건을 스캔할 때, DVD를 컴퓨터에 넣을 때, 그때마다 여러분은 셜리의 연구로 향상된 기술을 만나고 있는 것이다.

헬륨과의 모험

셜리는 이후 이론물리학자로서 명성을 가져올 또 다른 연구로 눈을 돌렸다. 그녀는 전자electron가 빛을 받으면 2차원, 즉 물체의 표면에서는 어떻게 되는지 알고 싶었다.

전자는 구슬과 매우 비슷하게 행동한다. 테이블 위에 구슬을

굴린다고 한번 상상해보자. 테이블의 중간 어느 부분들은 표면이 거칠다. 우리는 구슬이 굴러가다가 과연 어디에서 멈추게 될 것인지 예측하려고 한다. 책상 위의 표면이 고르지 않기 때문에 우리는 구슬이 어느 방향으로 움직이고 어디쯤에서 멈출 것인지 단정적으로 말할 수 없다. 다만 확률적으로 어느 방향으로 움직일 거라고 이야기할 수밖에 없을 것이다.

모든 가능성을 고려해 경로를 살펴봄으로써, 우리는 구슬이 지나갈 가능성이 가장 높은 길을 찾을 수 있는 이론을 만들어낼 수 있을 것이다. 얼마나 빠르게 움직일지 결국에 어디서 멈추게 될지도 예측할 수 있을 것이다.

그런데 구슬을 하나둘 더해 가면, 문제는 더욱 흥미로워진다. 서로 마주치게 될지, 마주치면 어떻게 될지, 또 각 구슬의 움직임에 변화가 생길 가능성은 얼마나 될지 생각해볼 수 있을 것이다.

거친 표면의 테이블 위 대신, 셜리는 규소 같은 다른 물질 위에 올려놓는 액상 헬륨의 막을 살펴보고 있었다.

헬륨은 풍선들을 띄울 수 있는 기체이며, 우주에서 가장 가벼운 원소들 중의 하나이기도 하다. 하지만 극저온에서 헬륨은 액체로 바뀐다. 셜리는 물질의 두께가 변하면 그 위에 올려놓는 액상 헬륨의 막도 성질이 변한다는 것을 발견했다. 이런 변화는 막 표면에 있는 전자의 움직임을 바꾸게 한다. 액상 헬륨 막에 있는 전자의 상호작용은 시계부터 컴퓨터까지 대부분 들어 있는 반도체 기기의 칩에서 이루어지는 전자의 상호작용과 흡사하다.

셜리가 이런 이론을 하룻밤 사이에 고안해낸 것은 아니다. 셜리는 수년간 같은 문제에 대해 연구하면서 수많은 계산을 공책에 채웠고, 여러 방법을 시도해보고 수정해가면서 가능성 있는 해결책을 찾아냈다. 고작 한 문제를 풀겠다고 오랜 시간을 보낸 것처럼 보일 수도 있으나, 이론물리학의 세계에서는 그 정도의 시간은 아무것도 아니다.

셜리의 성실성과 끈기는 결실을 맺었다. 전자의 움직임을 새롭게 예측할 수 있었고, 이는 나중에 실험으로 확인되었다. 이런 기여 덕분에 셜리는 1986년에 미국물리학회의 특별 회원Fellow이 되었다. 명망 있는 협회의 회원이 된다는 것은 능력 있는 물리학자로 공식 인정받았다는 뜻이었고, 이는 그녀의 경력에 꽤 획기적인 사건이었다. 동시에 셜리의 추진력, 명석함, 창의성을 믿고 채용했던 라이스 박사의 현명한 결정이 빛을 보게 된 순간이기도 했다. 그의 현명한 결정이 셜리가 고에너지물리학에서 응집물질물리학으로 전공을 바꾸는 계기가 되었으니 말이다.

차와 과자

셜리는 대개 책상에 앉아서 수식을 적으면서 작업을 했다. 벨연구소는 과학의 위대한 전진이 서로의 아이디어와 지식을 공유하는 데서 나온다는 것을 잘 이해하고 있었다. 셜리와 동료들은 서로 어떤 연구를 하고 있는지 보려고 온종일 이곳저곳 다른 연구실들을 돌아다녔다. 실험 연구자들이 있는 실험실도 방문했고, 저녁 모임을 만들고는 학술지에 실린 연구 논문들을 선택해 서로 발표하고 토의하며 배움의 시간을 항상 공유했다.

매일 오후 3시 또는 4시가 되면 모든 일을 잠시 중단했다. 티타임 시간이기 때문이다. 이 시간은 자신들이 고민하고 연구하는 주제를 잠시 내려놓고 다른 사람들의 아이디어와 문제를 가지고 서로 논의해보는 시간이었다. 그 시간이 되면 사람들은 차와 음료가 준비된 방으로 들어가서 학술지를 훑어보기도 하고, 서로의 고민과 힘든 점을 이야기하기도 하며, 새로운 결과가 나온 연구자들과 기쁨을 함께 나누기도 한다. 이러한 생산적인 '수다'에 차와 과자가 곁들여졌다.

지식 공유하기

셜리에게 출장은 중요한 일이었다. 일 년에 수차례 학회에 참석해 발표를 했다. 미국 전 지역뿐만 아니라, 프랑스, 벨기에, 독일, 이탈리아, 홍콩, 일본, 영국까지 다녀왔다. 셜리는 종종 행운을 잡은 것 같다는 생각을 했다. 자기가 좋아하는 주제에 대해 이야기를 하고 동시에 세계 여러 나라를 구경할 수도 있으니 말이다.

MIT에 있었을 때처럼 셜리는 벨연구소에 파견 나온 대학원 학생들의 멘토 역할을 해주었다. 물리학은 여학생들이 별로 없었기에 대부분 남학생들이었다. 그중 앤서니 존슨Anthony Johnson이라는 학생이 셜리의 관심을 끌었다. 그는 종종 셜리의 연구실에 들러 조언을 구하기도 했고, 이런저런 잡담을 나누기도 했다. 진로에 대해서도 상의했다. 그의 목표는 벨연구소의 정직원이 되는 것이었다.

셜리는 앤서니가 목표를 이루기 위해 해야 할 여러 가지를 이야기해주었고, 다른 물리학자들과 잘 지내는 방법에 대해서도 귀띔해주었다. 앤서니의 눈에는 세계적인 명성을 얻은 물리학자들은 전부 영웅처럼 보였다. 하지만 셜리는 세계적인 학자들도 모두 앤서니 같은 사람들이며, 앤서니도 언젠가는 그들과 함께 어깨를 나란히 하는 연구자가 될 것이라고 격려해주었다. 실제로 그는 벨연구소의 정식 연구원이 되었다.

앤서니는 셜리의 대담함과 집요함에 감명을 받았다. 셜리는 자신이 무엇을 원하는지 잘 알고 있었다. 벨연구소에서 이론물리학을 연구하는 아프리카계 미국인 여성은 혼자였지만, 그녀는 이런 것 때문에 발목 잡히지 않았다. 지식과 재능만으로도 그녀는 충분히 존경받을 만하기 때문이었다.

모든 것들의 최상

셜리는 벨연구소의 모든 것을 사랑했다. 문제에 대해 고민해보는 것, 그 해결 방법을 찾아가는 것, 이런 결과를 논문으로 발표하는 것, 그 모든 것을 사랑했다. 동료들과 이야기를 나누는 것도 좋았고, 세계 곳곳을 다니며 강연하는 것도 좋았다. 활용 가능한 많은 자원이 지척에 있다는 점도 감사한 일이었다. 이 모든 것들이 셜리에게는 즐거움이었다.

벨연구소는 개인적인 행운을 가져다주었다. 셜리는 일을 시작한 지 한 달 정도 되었을 때 모리스 워싱턴Morris Washington이라는 물리학자를 세미나에서 만났다. 두 사람은 서로를 알아보았다. 셜리는 모리스가 매력적이라고 생각했는데, 이야기를 나누어보니 겉모습만 매력적인 것이 아니었다. 두 사람은 곧바로 가까워졌다. 두 사람은 며칠밖에 차이 나지 않는 동갑내기였다.

셜리와 그녀의 남편 모리스 워싱턴은 벨연구소에 만났다.

셜리와 모리스는 매우 다른 환경에서 성장했다. 모리스는 농장에서, 셜리는 도시에서 자랐다. 그는 외아들이었고, 셜리에게는 형제 자매가 네 명이나 있었다. 하지만 둘 사이에는 두 가지 공통점이 있었다. 물리학에 대한 관심과 가족애였다.

셜리는 매 휴가 때마다 가족과 함께 지냈고, 자주 가족을 찾았다. 셜리의 언니 바버라는 미 대륙의 반대쪽에 살았지만, 일 년에 두 번 이상은 기회를 만들어 서로를 방문했다.

셜리와 모리스는 친구 사이에서 관계가 발전하여 데이트를 하게 되었고, 만난 지 4년이 되었을 때 결혼했다. 두 사람의 결혼식은 정말 기쁜 행사였다. 두 집안의 가

셜리는 헌신적인 어머니였다. **아래 왼쪽 사진** : 가족들이 앨런의 첫 번째 생일을 축하해주고 있다. 셜리가 친정어머니(왼쪽), 시어머니(오른쪽)와 함께 포즈를 취하고 있다. **아래 오른쪽 사진** : 앨런을 안고 있는 셜리의 아버지.

족들 모두 나서서 하나가 되는 날을 준비하고 축복해주었다. 그리고 일 년이 지나 1981년, 이보다 더 좋은 날이 찾아왔다. 셜리와 모리스의 아들 앨런Alan이 태어난 것이다.

셜리는 3개월 동안 집에 있으면서 앨런을 돌보는 데 전념했다. 하지만 일터로 복귀해야 할 시기가 되자 아기를 맡아줄 곳을 알아봐야 했다. 예전에 여학생 클럽에서 만났던 지인이 그 무렵 한 살배기 아들을 가정어린이집에 맡긴다는 소식을 듣고는, 셜리와 모리스는 그곳을 찾아가 보았다. 보모를 만나 보니 직장에 있는 동안 앨런을 맡겨도 좋을 것 같다는 판단이 들었다.

복직하고 나서 셜리는 모리스와 함께 앨런의 보육 시간에 맞춰 일정을 조정했다. 모리스는 실험물리학에 종사하니 아무래도 실험 중간에 나오기가 어려웠다.

하지만 셜리는 이론물리학자라서 시간 맞추기가 모리스보다 더 수월한 편이었다. 따라서 모리스는 주로 아침에 어린이집에 데려다주고, 셜리가 저녁때 데리고 오는 식으로 서로 앨런을 돌보았고, 저녁 식사는 가능한 한 전 가족이 함께하려고 노력했다. 셜리와 모리스는 연구자로 경력을 쌓으면서 동시에 탄탄한 가정을 꾸려나가려고 함께 노력했다.

영향력 넓히기

1985년, 셜리가 벨연구소에서 일한 지 어느덧 9년이 되었다. 셜리는 자신의 현 업무를 무척 좋아했지만, 좀 더 범위를 넓혀 공공 부문의 일을 하고 싶다는 생각이 들었다. 마침 뉴저지 주지사 토머스 킨Thomas Kean이 뉴저지 과학기술위원회New Jersey Commission on Science and Technology 창립 위원이 되어달라고 요청해왔고, 셜리는 좋은 기회라고 여기며 그 요청을 수락했다.

산업계와 정부 사이의 협력 관계를 만드는 것이 위원회의 목적이었다. 이런 협력을 통해 뉴저지 경제를 활성화시킬 만한 주요 연구 분야, 예를 들어 고급 바이오 기술, 의료, 광통신, 유해 물질 등의 분야로 투자 유치가 일어나길 기대한 것이다. 무보수 직책이지만 매우 영예로운 자리였다. 셜리는 벨연구소에서 근무하면서 위원회 위원 역할도 맡았다.

하지만 셜리가 위원회 위원이 되는 것을 모두 반긴 것은 아니었다. 벨연구소의 몇몇 연구자는 새로운 업무로 인한 출장, 행사 진행, 위원회 회의, 공공 정책에 대한 옹호 발언 같은 활동은 과학자의 직무가 아니라고 생각했다. 그 누구도 정책 관련 업무를 그만두라고 대놓고 이야기하지는 않았지만, 셜리는 주변에서 못마땅해하는 분위기를 느꼈다. 하지만 예전에도 그랬듯이, 셜리는 '옳은 일을 하고 있다'는 자기 내면의 목소리에 좀 더 집중했다. 이런 내면의 목소리는 정책 관련 업무를 수행하는 게 중요하다고 말해주고 있었다.

위원회 위원 임기는 4년이었다. 하지만 셜리가 위원회에 기여한 바가 컸기에 세 명의 주지사 임기 동안 총 10년에 걸쳐 연이어 위원으로 활동했다.

친구를 잃다

1986년 1월 28일, 동료가 셜리에게 다가와 NASA의 우주 왕복선 챌린저호가 발사 직후 폭발했다는 소식을 전했다. 셜리는 MIT 시절 자신이 멘토 역할을 했던 학생 론 맥네어를 떠올렸다. 노련한 우주 비행사인 론은 1984년부터 우주 왕복선 미션에 참여해왔다. 셜리와 론은 수년 동안 좋은 친구로 지냈고, 바로 지난 주에도 전화 통화를 한 사이였다.

억장이 무너졌다. 셜리는 론에게 비극이 닥쳤다는 것을 직감했다. 론은 비운의 챌린저호에 타고 있었던 것이다. 셜리는 론의 어린 두 아이를 떠올리며 아버지를 잃은 아이들이 얼마나 힘들까 하는 생각에 마음이 찢어지는 것 같았다. 그녀는 론이 얼마나 용감하게 살아왔는지 얼마나 성실한 사람인지 잘 알고 있었다.

전 세계는 챌린저호의 연구자들을 잃게 된 것에 슬퍼했고, 셜

우주 왕복선 챌린저호의 폭발 사고 소식을 듣고, 셜리는 용감했던 친구 론 맥네어(앞줄 맨 오른쪽)를 잃게 되어 크게 상심했다.

리도 용감한 론을 절대 잊을 수 없을 것이라고 생각했다.

학교로 돌아가다

1991년, 벨연구소에서 근무한 지 15년이 되었을 때, 셜리는 자신에게 변화가 필요하다고 느꼈다. 그녀는 학교로 돌아가기로 결심했다. 벨연구소에 온 학생들을 지도하는 것이 매우 만족스럽기도 했고, 차세대 물리학자들을 가르친다면 물리학의 미래에 좀 더 큰 영향을 끼칠 수 있을 거라고 생각했기 때문이다.

뉴저지주 피스카타웨이Piscataway에 위치한 러트거스Rutgers 대학교가 셜리의 관심 사항을 파악하고는, 이론물리학 강연을 해달라고 요청했다. 항상 그랬듯이, 셜리의 강연은 청중을 사로잡았다. 그녀의 강의 실력에 감동한 학교는 그녀에게 종신 재직 교수를 제의했다.

셜리는 교수직을 받고 싶기도 했지만, 벨연구소의 일도 병행하고 싶었다. 다행히 셜리는 러트거스 대학교에서 학생을 가르치면서, 벨연구소에서 파트타임 우수 기술 연구원으로 남을 수 있게 되었다. 러트거스 대학교에서는 젊은 연구자 중심으로 그룹을 만들어 그녀의 연구 파트너이자 미래의 과학자를 양성하는 미션을 진행했다.

셜리는 여기서 그치지 않았다. 뉴저지주에 있는 다섯 기의 원자력 발전소 소유주(또는 공동 소유주)인 대형 공익 기업의 이사도 역임했다. 한동안 원자력감시위원회nuclear oversight committee 위원장도 맡았는데, 이때 핵물리학에서 파생된 소립자물리학elementary particle physics 분야의 경험을 살리기도 했다.

같은 기간에, 셜리는 원자력 발전소의 성능 향상을 꾀하는 기업들의 자문위원회에 참여해달라고 요청받았다. MIT에서도 그래왔듯이, 그녀의 빈틈없는 일 처리와 사교적 수완 그리고 옳은 판단력으로 회원 기업들에게 좋은 인상을 남겼다.

회원들은 종종 서로 험한 말도 불사하며 열띤 토의를 하기도 했는데, 이럴 때 셜리는 조용히 앉아 경청했다.

아무것도 합의할 수 없는 상황에 이르렀을 때, 셜리는 논쟁을 중단시키고 다음과 같은 질문을 던졌다. "진짜로 원하는 것이 무엇입니까?" 이 한마디가, 실제로 살펴야 할 주요한 주제로 돌아와 결국 모든 이들이 동의하는 결정을 할 수 있도록 해주었다.

셜리의 생활은 바쁘고 꽉 차 있었다. 하지만 매 순간 순간을 셜리는 즐겼다. 이사회와 자문위원회에서 해야 할 일들은 의욕을 불러일으켰고, 그녀는 흥미로운 사람들을 만나 의욕적인 대화를 나누었다. 그런 와중에도 가정에 충실할 수 있는 시간을 만들었다. 남편과 테니스 시합을 하거나 아들과 스키 여행을 하는 시간을 끼워 넣곤 했다.

셜리의 일상은 더 이상 바랄 것이 없을 만큼 좋았다. 그러던 1994년, 백악관에서 그녀를 찾는 전화가 걸려왔다.

NRC 위원장으로 재임한 지 두 달이 지나고 나서야,

셜리는 자신이 엉망진창인 곳에

들어와 있다는 사실을 깨달았다.

새 사무실에서 포즈를 잡고 있는 셜리.

9장

대통령의 임명을 받다

백악관에서 전화가 왔을 때 셜리는 러트커스 대학교 연구실에 있었다. 대통령 비서실 인사 담당자의 전화였다. “대통령 임명직 심사에 필요한 이력서를 보내주시겠어요?”

“어떤 자리인데요?” 하고 셜리가 물었다. 하지만 인사 담당자는 구체적으로 어떤 자리인지는 대답하지 않았다.

“그렇다면 제 이력서를 보내드리기 어렵습니다.”라며 전화를 끊었다.

하루 이틀 정도 지나 인사 담당자는 셜리에게 다시 전화를 걸었다. “박사님이 물망에 오르고 있습니다.”라고 이야기를 하면서도 구체적으로 어떤 일인지는 설명하지 않았다. 하지만 이번에는 셜리도 궁금해 일단 이력서를 보내기로 했다.

셜리가 원자력규제위원회의 위원장으로 선서를 하고 있다.

그리고 얼마 지나지 않아, 셜리는 원자력규제위원회Nuclear Regulatory Commission, NRC 고위직 면접을 보기 위해 워싱턴 D.C.로 갔다. NRC는 독립된 연방 기관으로 미국의 110개 원자력 발전소의 안전을 책임지는 곳이었다. 그 밖에도 의료, 산업, 교육 기관과 핵연료를 생산하는 곳의 핵물질 사용도 규제하는 곳이다. 그리고 핵물질과 폐기물의 이송, 보관과 처분도 감독한다.

원래 셜리가 제안받은 자리는 5인 위원회의 위원 자리였다. 하지만 면접이 끝나고 셜리는 그보다 더 높은 자리로 바뀌었고, 빌 클린턴Bill Clinton 대통령은 셜리를 NRC 위원장으로 임명했다. 위원장은 NRC의 대표 위원이자 공식 대변인이기도 하다. 셜리가 뉴저지주에서 공공 정책을 수행했던 경험과 원자력 발전소의 실소유주이기도 한 공익 기업체의 위원회에 참여했던 경험이 크게 작용했다. 또한 핵물리학과 밀접한 고에너지물리학 분야에서 박사학위를 받았다는 점을 고려해보면 위원장으로서 유일무이한 자격을 갖춘 인물이었다.

하지만 아직도 넘어야 할 관문이 두 개나 남아 있었다. 하나는 FBI의 신원 조사인데, 이는 별문제 없이 통과 가능한 것이었다. 다른 하나는 좀 더 까다로운 것이었다. 미국 상원으로부터 승인을 받아야 하며, 승인을 받으려면 인사 청문회에 출석해 여러 질

왼쪽 사진 : 셜리는 취임식에서 NRC 위원장으로서 포부를 담아 연설했다. **오른쪽 사진** : 셜리는 부통령 앨 고어, 남편 모리스, 아들 앨런과 함께 웃으며 기념사진을 찍었다.

문에 답변을 해야 했다. 하지만 셜리는 스포트라이트를 받은 경험이 여러 번 있었다. 그녀가 보인 평정심, 관련 분야의 지식, 경험, 그리고 단호한 결단력은 청문회 위원들에게 깊은 인상을 남겼고, 결국 위원장 임명은 만장일치로 승인됐다.

1995년, 클린턴 대통령은 셜리 앤 잭슨을 최초의 여성이자 최초의 아프리카계 미국인 NRC 위원장으로 임명했다.

셜리는 3000명의 직원을 데리고 5억 달러의 예산을 집행하며 매우 중대한 결정들을 해야 하는 일을 맡게 된 것이다. 하지만 그녀가 제일 먼저 결정할 사항은 지극히 사적인 것이었다. 어디에서 지낼 것인가?

통근하는 엄마

NRC는 워싱턴 D.C.에 위치해 있었고, 셜리의 가족과 집은 뉴저지에 있었다. 모리스는 아직 벨연구소에서 근무했고, 열세 살 앨런은 학교에 잘 다니고 있었다. 이번 위원장 직무는 정치적으로 임명된 자리라서 정권이 바뀌면 물러날 수 있는 자리였다. 이 점을 잘 아는 셜리와 모리스는, 셜리가 주중에는 워싱턴 D.C.에서 지내고 주말에 뉴저지 집에 들르는 것이 좋겠다고 결정했다.

모리스는 주중에 매일 앨런을 학교에 데려다준 다음에 출근했고, 방과 후에는 앨런을 다시 데리고 와 숙제를 하도록 하고, 저녁 식사를 준비하고, 숙제를 잘

밀스톤 원자력 발전소를 방문한 1996년 2월, 셜리는 코네티컷주의 상원의원 조지프 리버먼 Joseph Liberman을 만났다.

했는지 확인했다. 셜리는 매일 밤 앨런과 모리스와 전화 통화를 했다.

금요일 일정을 마치고 셜리는 뉴저지에 밤 10시에 도착했고, 주말에는 가족들과 함께 보냈다. 앨런은 학교에서 수영부 활동을 하면서, 수구water polo 경기에도 출전했다. 셜리와 모리스는 주말에는 대개 뉴저지를 비롯해 북동부 지역에서 열리는 수영대회와 수구 시합을 보러 갔다.

월요일이 되면 셜리는 오전 5시에 워싱턴 D.C.로 출발했다. 주중에 모리스가 홀로 부모 역할을 하기 힘든 것처럼, 셜리도 가족들의 일상생활과 떨어져 지내는 것이 힘들었다. 하지만 모두들 셜리가 핵물질과 관련해서 공공의 건강과 안전을 책임지는 매우 중요한 일을 하고 있다는 것을 잘 알고 있었다.

엉망진창 정리하기

NRC 위원장으로 재임한 지 두 달이 지나고 나서야, 셜리는 자신이 엉망진창인 곳에 들어와 있다는 사실을 깨달았다. 국민들은 원자력 발전소의 안전을 우려해 이런저런 건의 사항을 많이 제출했지만, NRC는 이런 건의 사항들을 제대로 처리하지 못하고 있었다. 셜리는 원자력 에너지가 미국의 에너지 전략을 다각화

할 대체 에너지 중의 하나가 될 거라고 굳게 믿고 있었다. 하지만 이를 위해서는 원자력 산업계, 시민, NRC, 모두 한마음으로 원자력 에너지를 안전하게 사용하는 데 협조해야 했다.

셜리는 상황을 파악할수록 해야 할 일이 많다는 것을 깨달았다. 도전해야 할 과업에 한 번도 뒷걸음친 적이 없었던 셜리는 지난 MIT 시절 흑인학생연합을 만들 때처럼 일을 추진했다. 사람들을 모아 이슈에 대해 서로 토론했고, 각각의 주장에는 그 주장을 뒷받침할 만한 데이터를 수집하라고 지시했다.

1996년 3월, 〈타임Time〉은 '핵 안전에 대한 경각심'이라는 제목의 커버스토리를 실었다. 코네티컷주의 워터포드waterford에 있는

셜리는 NRC 위원장으로 재직하면서, 노동자와 공무원과 함께 논의하기 위해 원자력 발전소를 자주 방문했다.

NRC가 책임져야 할 분야 중 하나인 한 핵연료 가공 시설에서, 셜리가 연료봉을 다루는 노동자를 지켜보고 있다.

밀스톤Millstone 원자력 발전소의 안전 실태를 폭로하는 기사였다. 그 발전소는 안전 규정을 등한시하고 있었는데, 특히 핵연료봉에서 핵연료를 하역할 때가 문제였다.

원자로는 우라늄으로 만든 연료봉으로 일부 전력을 생산하는데, 주기적으로 연료봉을 새 것으로 교체해야 한다. 이런 연료봉은 섭씨 121도가 되면 유해한 방사선을 방출하기 때문에 매우 조심스럽게 다루어야 한다. 따라서 적절한 절차를 따르지 않으면 재앙을 불러올 수 있었다. 설상가상으로 공장은 설비 장비가 적절한 상태로 유지되지도 않았다. 더 심각한 문제는 따로 있었다. 이런 안전 문제를 제기한 노동자들이 괴롭힘을 당하거나 해고당했다는 것이다.

이런 상황에 대해 보고를 받자마자, 셜리는 문제를 바로잡을 방안을 찾는 데 매진했다. 우선 그녀는 직원보호 프로그램 Employee Concern Program을 만들라고 지시했다. 이 프로그램을 통해 원자력 노동자들이 실직이나 협박에 따르는 두려움 없이 그들이 느끼는 안전 문제를 건의할 수 있도록 했다. 그리고 공장 감독관과 NRC 직원들의 교육, 책무성 의식 및 관리·감독을 개선하기 위해 여러 가지 정책을 만들었다. 최종적으로 핵연료를 이동할 때 NRC 안전 규정을 얼마나 많이 위반했는지 확인하기 위해 국내 110개 원자로를 검토하라고 명령했다.

셜리는 지역 사회의 여론도 중요하게 여겼다. 일반 시민들의 근심이 뭔지 들어보려고 코네티컷에서 공청회를 열어 주민들과 대화하고 그들의 질문에 답변해주었다. 그리고 항상 언론 매체들을 불러들였다. 원자력 발전소를 방문할 때마다, 특히 문제점이 드러난 발전소인 경우에는 언론 브리핑을 했다. 그녀는 원자력 발전소와 관련해 도대체 어떤 일들이 진행되고 있는지 국민에게 알리는 것이 매우 중요하다고 생각했다.

위원장 직무를 4년 동안 수행하면서 셜리는 수많은 어려운 결정을 내려야 했다. 그녀는 안전 기준을 강화하는 한편, 안전 문제에 주의를 기울이지 않는 고위 관리자들을 파면하거나 보직 해임을 지시했다. 그리고 관리팀을 다양하게 조직했다.

민감한 안전 문제를 공명정대하게 조치했으므로 셜리는 공공 안전 감시 요원과 원자력 산업계의 구성원들로부터 존경을 받았다. 그녀는 NRC가 직면한 가장 어려운 딜레마 중 몇 가지를 현명하게 해결했다는 세간의 평가를 받았다.

세계로 나가다

셜리는 세계 곳곳을 다녔기 때문에, 세상을 바라보는 시야가 보통 사람들보다 훨씬 넓었다. 핵 안전은 미국뿐만 아니라 세계적인 이슈였다.

NRC에서 일을 시작했을 즈음, 셜리도 우크라이나의 체르노빌Chernobyl을 다녀왔다. 이 방문을 계기로 그녀는 전 세계의 원자력 규제 당국이 함께 모여 안전 문제를 논의할 필요성을 깨달았다. 체르노빌은 1986년에 역사상 최악의 핵 재난을 겪은 곳이다. 원자로 증기 폭발로 방사성 물질이 대기로 방출되었던 것이다.

셜리는 NRC 위원장으로서 미국을 대표해 세계 곳곳을 다녔다.

체르노빌 주변의 환경은 상당 부분 황폐해졌고 수많은 사람이 방사선 피폭으로 병들어갔다.

에너지를 내는 물질

원자는 원자력에너지로 알려진 엄청난 양의 에너지를 함유하고 있다. 원자핵의 입자들 사이에 존재하는 강력(강한 핵력)strong force이 이런 에너지를 생성해내는데, 다음과 같은 두 가지 방법으로 방출된다.

핵분열: 고속 중성자를 무거운 원자핵에 충돌시키면 2개의 다른 원자핵으로 분열하는데, 이때 엄청난 열이 발생되면서 동시에 중성자 2~3개가 튕겨져 나온다. 이런 절차가 반복되면서 연쇄 핵 반응이 일어나게 되는데, 이때 방출된 일부 에너지를 잡아두었다가 전력을 생산하는 데 사용할 수 있다.

핵융합: 핵융합은 두 개 이상의 가벼운 원자핵들이 결합하는 것으로, 그 과정에서 에너지가 방출된다. 태양을 포함한 모든 항성은 핵융합으로 에너지를 얻는다.

핵분열이나 핵융합으로 에너지가 만들어지는 과정에서 질량이 어느 정도 줄어드는데, 그러면 과연 질량은 어디로 사라지는 것일까? 물리학자 알베르트 아인슈타인은 유명한 $E = mc^2$이라는 공식을 통해 질량이 에너지로 바뀐다는 것을 보여주었다.

셜리는 1997년에 국제 사회에 손을 내밀어 최초의 국제원자력규제자협의회International Nuclear Regulators Association를 창립했다. 이 협의회에는 캐나다, 프랑스, 독일, 일본, 스페인, 스웨덴, 영국, 미국의 수석 원자력 규제 당국자들이 포함되었다.

셜리는 이들 나라를 하나로 모아 실제 작업을 수행할 수 있도록 설득했다. 이에 협의회는 조직의 운영 원칙을 설명하는 문서 '위임 사항Terms of Reference'을 작성하고 이를 받아들였다. 협의회는 핵 안전에 관련된 문제를 조사하고 다른 국가들에게 도움을 제공하기도 했다. 항상 지도자 역할을 하는 셜리는 2년 동안 협의회 회장으로 활동했다.

물리학과 공공 정책

물리학자로 연구해온 과정은 셜리가 NRC 위원장으로서 수행한 일들에 상당한 영향을 끼쳤다. 그녀는 관련 과학을 이해했기에 잘 정립된 과학적 원리를 바탕으로 의사 결정을 내릴 수 있었다. 또한 물리학자이기 때문에 원자력 분야에 종사하는 사람들, 특히 핵 문제에 관하여 미국을 대표해 다른 나라와 협상을 벌일 때 상대방에게 신뢰감을 줄 수 있었다. 셜리는 종종 복잡하게 얽힌 상황에서 핵심 사안을 찾아냈으며, 이로부터 해결책을 만들어내곤 했다. 물리학자라는 배경은 그녀가 '문제 해결사'이자 '물질 조직자organizer of material'라는 것을 의미했다. 게다가 셜리는 복잡한 상황에 대처하는 능력이 탁월했다.

하지만 성장 과정에서 경험한 것들도 한몫을 했다. 여학생 클

1997년 셜리(오른쪽에서 네 번째)가 창립한 국제원자력규제자협의회 회원들과 함께 역사적인 날을 기리기 위해 기념사진을 찍고 있다. 셜리는 미국을 대표해 양국 간 협정문에 서명했다.

럽에서 조직과 관리를 맡았던 경험, 벨연구소와 기업 이사회에서의 경험들이 NRC를 운영하고 좋은 공공 정책을 개발하는 데 도움을 주었다.

또 다른 전화 연락

이 무렵 셜리는 자신이 세상을 변화시키고 있다고 느꼈다. 이제 그녀의 임기는 곧 만료될 것이다. 그녀는 NRC 위원장을 그만두면 그다음 무엇을 할지 고심하고 있었다. 하지만 클린턴 대통령의 생각은 달랐다. 1998년 가을이 되자, 대통령이 셜리에게 NRC 위원장을 연임해달라고 요청을 한 것이다.

비슷한 시기에 셜리는 또 다른 뜻밖의 연락을 받았다. 서치 위원회Search Committee(특정 자리의 적임자를 찾기 위해 만들어진 위원회 — 옮긴이) 위원장이 렌셀러 폴리테크닉 대학교(RPI) 제18대 총장직에 출마할 의사가 있는지 물었던 것이다. 뉴욕주 트로이Troy에 위치한 RPI는 미국의 유서 깊은 과학기술 분야 연구중심대학 중 하나였다.

수백 명의 후보자들을 검토한 후, 검토 위원 34명의 만장일치로 총장선발위원회는 셜리를 총장으로 선택했다. RPI는 오랫동안 수월성 교육으로 인정받는 학교였지만 최근 들어 여러 가지 문제로 힘들어 하고 있는 중이었다. 총장선발위원회 위원들은 셜리가 NRC를 성공적으로 바로잡는 과정을 보았다. 그들은 셜리가 능력을 발휘해 175년의 전통을 가진 세 글자 RPI를 세계적인 명성을 지닌 MIT처럼 만들어주기를 바랐다.

앞으로 그리고 또 앞으로 전진

NRC의 일을 많이 좋아하고 즐긴 만큼 셜리는 자신이 그곳에서 할 수 있는 일들은 거의 다 했다고 느꼈다. 또 슬슬 학교 생활이 그리워졌다. 셜리는 젊은이들의 마음을 다듬고 미래를 준비하게 해주는 것은 인생에서 할 수 있는 가장 중요한 일이라고 생각하고 있었다. 하지만, 총장직을 받아들이기 전에 고민해야 할 것들이 많았다.

평소 셜리는 가족에 영향을 끼치게 될 내용을 결정할 때는 남편과 진지하게 상의했다. 모리스는 셜리가 하는 일을 늘 지지해왔고, 이번 제안은 엄청나게 훌륭한 기회라고 여겼다. 하지만 뉴저지에서 뉴욕 북쪽으로 이사를 해야 하고, 그렇다면 자신이 벨연구소를 그만두어야 하는 상황이었다.

셜리는 이렇게 이사하는 것이 아들에게 어떤 영향을 미칠지에 대해서도 고려해야 했다. 앨런은 고등학교 졸업반이었고, 셜리는 불필요하게 앨런의 생활을 방해하고 싶지는 않았다.

그리고 한 가지 더 남았다. 바로 클린턴 대통령이다. NRC 위원장을 연임해달라고 요청한 상태이기도 하고, 아직 임기가 1999년 가을까지 남아 있기도 했다. 셜리에 대한 대통령의 신임이 넘쳐났다.

탁월한 협상가인 셜리는 모든 것을 해결해냈다. RPI 측은 1998년 12월부터 오기를 원했으나 셜리는 1999년 7월부터 총장직을 맡는 것으로 렌셀러 이사회의 승인을 받아냈다. 그렇게 되면 앨런은 고등학교를 졸업하게 되고, NRC 임기도 마무리할 수 있었다.

NRC 송별회 때 동료들은 셜리에게 특별한 선물을 주었다. 바로 셜리의 무한 에너지를 상징하는 '에너자이저 토끼Energizer Bunny'(배터리 회사 에너자이저의 상징인 토끼. 배터리가 오랫동안 지속된다는 광고의 주인공—옮긴이)였다.

이제 여러분 차례입니다.

주어진 시간의 기회에 한 걸음 나아가세요.

앞을 보세요. 뒤돌아보지 말고. 위를 보세요.

밑을 내려다보지 말고. 자신감을 가지세요.

셜리에게 렌셀러 폴리테크닉 대학교는 가족과 같았다. 특히 셜리는 학생들과 이야기를 나누며 미래에 대한 생각을 공유하는 걸 무척 좋아했다.

10장

타오르는 자취

1998년 11월 11일, 셜리 앤 잭슨이 렌셀러 폴리테크닉 대학교의 다린 커뮤니케이션 센터의 강단에 올라가자 800명이 넘는 관중들이 모두 기립 박수를 쳤다. RPI 총장직 임기가 시작될 때까지는 아직 여러 달이 남아 있었지만, 그녀의 연설을 듣고자 모인 학생, 교직원들은 모두 셜리의 매력에 빠져들었다. RPI의 미래에 관한 그녀의 연설에 청중들은 총 세 번의 기립 박수로 화답했다.

셜리가 밝힌 렌셀러 플랜의 핵심 키워드는 다양성diversity과 공동체community였는데, 셜리는 이를 '커뮤니버시티communiveristy'라고 불렀다. 이 명칭은 가족 같은 공동체로서의 대학을 의미했다. 그녀는 대학교는 도시와 사회의 일부라는 점도 강조했다.

RPI 교정을 걷는 셜리.

1999년 9월 24일에 거행된 셜리의 총장 취임식에도 이런 주제가 반영되었다. 트로이시 중심가의 허드슨 강변에서 축제 행사가 열렸는데, 캠퍼스와 도시가 연결되어 있다는 것을 강조하기 위해 셜리는 학생들과 교직원들이 트로이 시내를 행진하는 것으로 학기를 시작했다. 이 행진은 아직도 렌슬러의 연중행사 중 하나다.

RPI의 총장으로서 셜리의 최우선 과제는 학생들의 다양성을 높이는 것이었다. 셜리는 이런 일이 하루아침에 이루어지는 것이 아니며, 학생들이 좀 더 어린 중학생일 때 미리 과학에 대한 관심을 갖고 기초를 다질 수 있도록 해야 한다는 것을 잘 알고 있었다.

셜리 자신이 직접 경험했듯이, 점진 누적 과정을 거쳐야 비로소 과학 기술 분야에 종사할 수 있게 된다. 그녀는 이렇게 입버릇처럼 말하곤 했다. "과학자, 엔지니어, 사업가, 기술 선도자가 되고 싶다면 우선 미분을 수월하게 할 줄 알아야 합니다. 그리고 미분을 하려면 먼저 대수학을 깨우쳐야 하고, 대수학을 잘 하려면…… 곱셈을 할 줄 알아야 하며, 곱셈 이전에는 덧셈과 뺄셈을 할 줄 알아야 하죠."

이런 관점에서 셜리는 중학교와 고등학교 교과 과정을 대학 과정과 연계해야 한다는 주장을 강력히 지지했다. 그녀의 리더십으로 RPI는 지역 저소득층 학생 900명이 수학, 과학, 기술 보충 수

위 사진 : RPI 총장 취임식에서 찬조 연사의 말을 경청하고 있는 셜리. **오른쪽 사진** : RPI의 총장 사택 앞에서 포즈를 잡고 있는 셜리와 모리스.

업을 받을 수 있도록 하는 프로젝트 연방 기금을 모았고, 이를 통해 학생들은 7학년(중학교 1학년)부터 고등학교까지 지속적인 지원을 받을 수 있었다.

꿈을 좀 더 넓게

셜리의 목표는 학생들의 생각을 확장하는 것이었다. 통상적으로 물리학 박사학위를 받은 사람은 연구자 또는 교수, 이렇게 둘 중 하나를 하는 것으로 생각한다. 하지만 셜리는 젊은 학생들에

글로리아, 바버라, 셜리(왼쪽)가 요세미티로 하이킹을 하다가 잠시 쉬고 있다.

게 물리학 교육을 받으면 성공적으로 할 수 있는 일들이 많다는 것을 알려주고 싶었다.

셜리의 다양한 경력이 바로 그 생생한 사례다. 현미경 수준으로 세상을 관찰할 때, 물질의 성질을 연구할 때, 규제 정책을 개발할 때, 그리고 대학을 운영할 때, 셜리는 물리학자로서 배웠던 내용들을 사용했다. 그녀는 항상 사리에 맞는 질문을 던지고 예리한 관찰을 통해 통찰력 있는 결론을 내림으로써 올바른 결정을 내리는 데 주력해왔다. 물리학자는 바로 이런 일들을 할 수 있도록 훈련을 받는다.

선구자

CERN에서 근무할 때부터 셜리는 도보 여행의 매력에 푹 빠졌다. 셜리와 언니, 여동생은 매년 한 번씩 아프리카계 미국인 여성 단체가 함께하는 도보 여행에 참여한다. 세 자매 모두 자신이 선택한 직업에서 탁월한 능력을 발휘하고 있었다. 막내 글로리아 조지프Gloria Joseph는 변호사이자 전국 노동관계위원회의 행정 담당관이었다. 바버라 에이버리Barbara Avery는 캘리포니아주 오클랜드에 있는 홀리네임즈Holy Names 대학교 학생생활담당 부처장이었다. (안타깝게도 남동생 조지는 1984년에 세상을 떠났다.)

하이킹은 여성들의 심신을 단련시킨다는 의미가 있었다. 하이킹을 할 때는 평소에 하지 않아도 됐던 일들을 시도하게 된다.

바버라가 보통 행사를 준비했고, 적게는 세 명에서 많을 때는 열여섯 명까지 모여 시에라네바다Sierra Nevada 산맥, 요세미티Yosemite 국립공원, 세인트헬렌스 산, 올림픽 반도, 로키 산맥, 타호Tahoe 호를 도보로 여행했다. 초창기에, 지도 보는 능력과 거침없이 길을 안내하며 인솔하는 행동 덕분에 셜리에게는 '장군'이라는 별명이 붙었다.

하지만 하이킹이 언제나 수월하게 진행되지는 않았다. 시에라네바다 산맥을 하이킹할 때였다. 깊은 계곡을 건너야 했다. 등산길의 일부로 커다란 통나무가 계곡에 놓여 있었는데, 통나무 아

셜리는 지금도 가족들과 매우 가까이 지낸다. 최근 RPI의 '커뮤니버시티' 행사에서 바버라, 셜리, 어머니, 글로리아가 함께 한 사진이다.

래로 흘러가는 물살이 거셌고, 산에서 떨어지는 폭포수가 있는 곳이라 누구라도 빠지면 위험에 처하게 되는 상황이었다. 다른 길은 없는 것 같았다.

셜리는 상황을 잘 살펴보았다. 위험하다는 것은 알았지만, 누군가는 먼저 건너가야 했다. 그녀는 과감하게 통나무에 올라갔다. 처음에는 거의 떨어질 듯 기울어져서 중심을 잡으려고 애를 썼다. 집중한 채 천천히 움직여서 셜리는 다시 균형을 잡고 반대편으로 건너갔다. 셜리가 쉽게 건너가는 모습에 용기를 얻은 다른 사람들도 셜리를 따라 계곡을 건넜다.

그날 저녁, 셜리는 속으로 겁에 질렸었다고 실토했다. 하지만 셜리가 솔선수범하지 않았다면 다른 사람들은 건널 엄두를 내지 못했을지도 모른다. 또 다시 셜리의 풍부한 인생 경험이 빛을 발하는 순간이었다. 그녀는 두려움에 맞서서 이겨내는 것이 얼마나 중요한지 본인에게는 물론 다른 사람들에게도 본보기를 보여주었다.

이런 태도 덕분이었을까? 셜리는 집안 최초로 대학원에 진학

1998년 셜리는 국립 여성 명예의 전당에 이름을 올렸다.

하고 졸업한 사람이 되었으며, 이후 RPI의 첫 아프리카계 미국인 여성 총장에 이르기까지 많은 분야에서 선구자 노릇을 했다. 선구자 노릇을 한다는 것은 앞장서서 간 길을 누군가 뒤따라왔을 있을 때만이 의미가 있다. 셜리가 살아온 길은 그녀의 뒤를 이어갈 많은 사람에게 영감을 일깨우고 키워내는 찬란하고 모범적인 삶이라 할 수 있다. MIT 신입생 시절 맞닥뜨려야 했던 어려움도 목표에 집중함으로써 모두 이겨냈듯이, 셜리는 여학생, 젊은 여성, 특히 소수 계층의 여성에게, 당장 앞에 놓인 어려움에 묶여 있지 말고 자기가 하고 싶은 일에 집중하라고 격려한다.

이런 생각은 그녀가 생애에 이룩한 훌륭한 업적과 함께 어우러져, 셜리는 국립 여성 명예의 전당National Women's Hall of Fame으로부터 인정을 받게 되었다. 1998년에 셜리는 이론물리학, 원자력 안전, 교육 분야에서 성취한 공로로 이 권위 있는 영예로운 단체에 이름을 올렸다.

셜리는 수전 B. 앤서니Susan B. Anthony(미국의 여성 참정권·노예제도 폐지 운동가로 여성으로는 처음으로 미국 대통령 선거에 투표를 행사했다 — 옮긴이)와 소저너 트루스Sojourner Truth(흑인 노예 제도 폐지론자이자 여성 권리 운동가 — 옮긴이)와 같은 역사적 인물들과 어깨를 나란히 하게 된 것이다.

셜리는 자신의 사고방식과 열정 덕분에 많은 곳으로부터 연설 요청을 받았는데, 특히 미국 전역의 수많은 대학으로부터 졸업식 연설을 해달라는 요청을 받았다. 2003년 5월에는 어린 시절 고향인 워싱턴 D.C.로 돌아와 워싱턴 D.C. 대학교University of the District of Columbia의 졸업생들을 향해 연설했다. 희망에 가득 찬 얼굴들을 내려다보며, 셜리는 자신이 겪어온 도전과 기회를 주제로 매우 인상적이고 열정적인 연설을 이어갔다. 더 나은 것을 추구하고, 앞장서고, 포기하지 말고, 모든 부류의 사람들을 포용할 것을 졸업생들에게 호소했다. 그리고 이렇게 말했다.

"이제 여러분 차례입니다. 시간이 주어졌을 때 한 걸음 나아가세요. 앞을 보세요. 뒤돌아보지 말고. 위를 보세요. 밑을 내려다보지 말고. 자신감을 가지세요. 당신 자신과 가족을 돌보세요. 그리고 지치고, 주눅 들고, 기분 나쁜 일이 있을 때는 여러분이 이미 건너온 다리와 올라온 산을 생각하세요. 여러분이 염원하는 것을 다른 사람들이 정하게 하지 마세요. 여러분이 직접 정립하고, 성취하려고 노력하세요. 크고 작은 방법으로 이 세상을 바꾸려고 해보세요."

실제로 세상을 변화시킨, 그리고 현재도 바꾸어 나가고 있는 한 여성의 가슴 벅찬 연설이었다.

걸어온 길

1946 8월 5일 워싱턴 D.C.에서 셜리 앤 잭슨 출생.

1954 미국연방대법원이 인종차별법을 위헌으로 판정하면서, 학생들을 구분하지 말라는 명령이 학교에 내려졌고, 이에 따라 셜리는 집 근처에 있는 버나드 초등학교로 전학.

1964 워싱턴 D.C.에 있는 시어도어 루스벨트 고등학교에서 졸업생 대표로 졸업.

1968 매사추세츠 공과대학(MIT)에서 물리학 학사학위 취득. 물리학을 전공으로 MIT 대학원에 진학한 지 얼마 안 되어 흑인학생연합을 만듦. 이 연합을 중심으로 아프리카계 미국인 학생들을 위해 학교 정책을 바꾸는 운동을 전개함.

1973 아프리카계 미국인 여성으로는 최초로 MIT에서 박사학위를 받음. 일리노이주 바타비아에 있는 페르미국립가속기연구소(페르미연구소)에서 박사 후 과정을 시작함.

1974 포드 재단의 지원을 받아 스위스 제네바에 위치한 유럽입자물리연구소(CERN)의 방문 연구원이 됨.

1976 페르미연구소에서 박사 후 과정을 마치고, 뉴저지주에 있는 AT&T 벨연구소의 기술직 직원으로 임용됨.

1979 동료 물리학자 모리스 A. 워싱턴과 결혼함.

1981 셜리와 모리스 부부 사이에서 아들 앨런 출생.

1985 뉴저지 주지사 토머스 킨은 셜리를 뉴저지 과학기술위원회로 초대함.

1986 미국물리학회 특별 회원으로 선정됨.

1990 뉴저지 주지사 제임스 플로리오가 물리학 분야와 과학 증진에 기

여한 셜리의 공로를 기려 토머스 앨바 에디슨 과학상을 수여함.

1991 러트커스 대학교에서 물리학 교수 생활을 시작함. 동시에 벨연구소에서 '우수 기술 연구원'으로 활동함. 미국예술과학아카데미 특별 회원으로 선정됨.

1993 뉴저지 주지사 과학상을 수여함.

1995 빌 클린턴 대통령이 셜리를 원자력규제위원회 위원장으로 임명함. 최초의 여성이자 흑인으로 정부 기관의 책임자가 됨.

1997 국제원자력규제자협의회를 창립하고, 초대 회장으로 선출됨.

1998 셜리의 이름이 국립 여성 명예의 전당에 오름.

1999 셜리는 뉴욕주에 있는 렌셀러 폴리테크닉 대학교(RPI)의 제8대 총장으로 취임함. 연구중심대학을 이끄는 최초의 아프리카계 미국인 여성이 됨.

2000 셜리의 이름이 여성기술국제재단Women in Technology International Foundation 명예의 전당에 오름.

2001 미국물리교사협회에서 주는 리치마이어 기념 강연상Richtmyer Memorial Lecture Award, 연간 흑인 역사의 주역들Annual Black History Makers Award, 올해의 블랙 엔지니어상 등 수많은 상을 받음. 아프리카계 미국인 여성으로 최초로 국립공학아카데미National Academy of Engineering 회원이 됨.

2002 〈디스커버*Discover*〉가 셜리를 '과학 분야 상위 50위 여성Top 50 Women in Science' 리스트에 올림.

2004 미국과학진흥협회American Association for the Advancement of Science 회장으로 일 년 동안 활동함.

2010 렌셀러 이사회가 만장일치로 RPI 총장 10년 계약 연장을 결정함. 셜리도 이를 받아들임.

2017 렌셀러 폴리테크닉대학교 총장으로 재직 중임.

이 책은 이론물리학을 다루고 있다. 이론물리학자는 실험이 아니라 수학을 이용해 세상을 모형으로 만들어 설명하는 과학자다. 과학 용어를 이해하려면 그리스어와 라틴어를 조금이나마 아는 것이 도움이 된다. 물리학physics이라는 단어는 '자연'이라는 의미의 그리스어 'physis'와 '자연과학'이라는 의미의 라틴어 'physica'에서 유래했다. 물리학은 물질과 에너지의 물리적인 성질을 다루는 과학 분야다. 이론theory이라는 단어는 '고려하다'는 뜻의 그리스어 'theorein'과 '관찰'이라는 의미의 'thea'에서 왔다. 따라서 이론물리학자는 이론 또는 문제의 해답을 찾아내고, 실험을 통해 이를 검증한다.

이 책에 나온 다른 과학 용어들을 소개한다. 좀 더 자세한 정보를 알고 싶으면 사전을 참조하기 바란다.

결정crystal : 원자들이 반복된 패턴 규칙을 가지고 정렬되어 있는 고체.

결정(형)crystalline : 결정으로 만들어지거나 결정 형태로 굳어진 것들. 다결정 형태에는 작은 결정들이 무작위로 배열되어 있으나 각각의 결정은 매우 규칙적으로 정렬되어 있다.

공기역학aerodynamics : 물리학의 세부 분야 중의 하나로 움직이는 기체와 힘(예를 들어 기압)이 공기를 지나가는 물체에 어떻게 영향을 주는지를 연구한다. 공기역학은 비행기, 자동차뿐 아니라 소형 고카트를 설계할 때도 중요하게 고려되어야 한다.

도체conductor : 전류가 흐르는 물질이다. 실리콘(규소) 같은 반도체semiconductor는 특정 상황에서만 전류를 흐르게 하기 때문에 전자 기기의 전기 흐름을 조절할 수 있다. 납이나 주석 같은 초전도체 superconductor는 절대온도 0도(가장 낮아질 수 있는 온도)에 가까워지면 아무 저항 없이 전류가 흐를 수 있다.

물질matter : 질량을 가진 자연의 요소. 공간을 차지하고 있으며, 고체, 액체, 또는 기체로 존재한다.

상대성이론theory of relativity : 물질, 공간, 시간, 운동 개념을 다룬 이론으로, 알베르트 아인슈타인이 이를 방정식으로 표현했다.

소립자particle : 원자, 양성자, 전자 같은 물질을 이루고 있는 작은 단위체. 아원자 입자subatomic particle는 원자 안에 있는 입자다. '부분'이라는 의미의 라틴어 'partem'에서 유래했다.

양자역학quantum mechanics : 물질의 아주 작은 부분인 미시세계를 연구하는 물리학의 세부 분야. 'quantum'은 '얼마 만큼'이라는 의미의 라틴어다.

에너지energy : 일을 하게 하는 힘. 열, 빛, 전기는 형태가 다른 에너지다. 이 용어는 '안에'라는 의미의 그리스어 'en'과 '일'이라는 의미의 'ergon'으로부터 유래했다.

원자atom : 물질의 기본 단위로 본연의 성질이 있다. 원자의 중심에는 양성자proton와 중성자neutron로 이루어진 핵이 있고, 핵 주변에는 전자electron가 있다.

원자력에너지 또는 핵에너지nuclear energy : 원자핵 내에서 발생하는 강력한 형태의 에너지. 핵분열이나 핵융합에 의해 이 에너지가 방출된다.

중력gravity : 질량을 가진 물체들이 서로 끌어당기는 자연의 힘. '무거운'이라는 의미의 라틴어 'gravis'에서 유래했다.

중성미자neutrino : 전하가 없고 질량도 거의 없는 아원자 소립자. 모든 고체 물질을 통과할 수 있고, 그 과정에서 변하지도 않는다. 중성미자는 전하가 없기 때문에 다른 입자들과 상호작용을 거의 하지 않는다.

질량 mass : 물체가 가지고 있는 물질의 양.

쿼크 quark : 아원자(원자보다 작은) 입자. 양성자, 중성자 같은 소립자를 구성하고 있다고 하는 기본 입자로, 여섯 가지 종류가 있다. 이 여섯 종류는 위(up, 업), 아래(down, 다운), 맵시(charm, 참), 기묘(strange, 스트레인지), 꼭대기(top, 톱), 바닥(bottom, 보텀)이라는 기발한 이름으로 불린다.

터널링 tunneling : 전자의 움직임을 막는 장벽이 있는 상태에서도 물질을 통과해 나가는 현상.

트랜지스터 transistor : 전기 회로에서 전자의 흐름을 제어하는 반도체를 안에 가지고 있는 소형 전자 기기. 전자 스위치와 같이 작동한다.

단위변환

아는 단위	곱하기 숫자	변환할 단위
인치	2.54	센티미터
피트	0.30	미터
야드	0.91	미터
마일	1.61	킬로미터
에이커	0.40	헥타르
파운드	0.45	킬로그램
센티미터	0.39	인치
미터	3.28	피트
미터	1.09	야드
킬로미터	0.62	마일
헥타르	2.47	에이커
킬로그램	2.20	파운드

더 읽을거리

여성 과학자에 관한 웹사이트인 www.iWASwondering.org를 방문하면 물리학자, 기후 과학자, 천문학자, 야생생물학자, 로봇 공학자 등 다양한 분야에 몸담고 있는 여성 과학자들의 이야기를 접할 수 있다. 그곳에서 신나는 과학 모험을 즐길 수 있다. 게임을 하고, 만화를 즐기며, 과학자가 되어볼 수도 있다. 즐겁게 놀면서 세상을 바꾼 멋진 여성 과학자들도 만나보게 될 것이다.

도서

Bryson, Bill. 『*A Short History of Nearly Everything*』 **New York: Broadway Books, 2003.** 재미있는 내용과 공간과 시간을 넘나들며 빠져들게 하는 이 책은 "원자는 얼마나 작을까?", "블랙홀이 뭐지?", "태양계는 언제 어떻게 시작되었을까?"와 같은 기본적인 질문들에 대한 대답을 찾게 한다. 모든 연령층에게 좋은 읽을거리를 제공하는 도서.

Hinds, Patricia M., ed. 『*Essence: 50 of the Most Inspiring African-Americans*』 **New York: Essence Books, 2002.** 멋진 사진들로 채워진 이 책은 세상을 진정으로 바꾼 흑인들을 소개한다. 셜리 앤 잭슨 외에도 마이클 조던Michael Jordan, 오프라 윈프리Oprah Winfrey, 콘돌리자 라이스Condoleeza Rice, 비너스와 세레나 윌리엄스Venus and Serena Williams에 대한 감동적인 이야기들이 담겨 있다.

McKeever, Susan, et al, eds. 『*The DK Science Encyclopedia*』 **London: DK Publishing, 1998.** 서재에 없어서는 안 될 훌륭한 과학 백과사전이다. 물

질, 에너지, 우주, 생태, 지구, 생물이 어떻게 작용하는지 등 모두들 궁금해할 만한 내용을 배울 수 있는 참고서다. 멋진 삽화와 사진들이 모든 페이지를 채우고 있다.

웹사이트

Fermilab: www.fnal.gov

유명한 고에너지 물리학 실험실을 가상으로 둘러볼 수 있다. 물리학 분야에서 제기되는 질문들에 대한 답변을 얻을 수 있으며, 가장 기본적인 입자와 자연의 힘에 관해 배울 수 있는 곳이다.

The Particle Adventure: http://particleadventure.org

이 사이트는 그림과 쉬운 설명으로 '가속기'에서부터 '쿼크'에 이르기까지 아원자 세계의 모든 것들을 알 수 있게 해준다.

CERN: http://home.cern

유럽입자물리연구소의 모든 것을 배울 수 있는 곳. 물리학자들이 어떻게 입자를 연구하는지, 왜 입자를 연구하는지, 그리고 입자 연구가 일상생활에 어떻게 유용한지 등을 알아볼 수 있고, 입자가 충돌하는 환상적인 장면도 볼 수 있다.

참고 문헌

이 책을 쓰기 위해 셜리와 그녀의 가족, 친구 및 동료들과 인터뷰했을 뿐 아니라 여러 책을 읽으며 조사했다. 셜리 앤 잭슨이 조언해준 자료의 일부를 제시한다.

Bryson, Bill. *A Short History of Nearly Everything*. New York: Broadway Books, 2003.

Cole, K.C. *The Universe and the Teacup: The Mathematics of Truth and Beauty*. New York: Harcourt Brace & Company, 1997.

Feynman, Richard P. *Six Easy Pieces: Essentials of Physics Explained by Its Most Brilliant Teacher*. Cambridge, Massachusetts: Perseus Publishing, 1998.

Frank, David V., Ph.D., et al. Science Explorer: Physical Science. Needham, Massachusetts: Prentice Hall, 2002.

Gamow, George and Russell Stannard. *The NEW World of Mr Tompkins* [sic]. Cambridge, United Kingdom: Cambridge University Press, 2001.

Gribbin, John. *In Search of Schrodinger's Cat: Quantum Physics and Reality*. New York: Bantam Books, 1984.

Hinds, Patricia M., ed. *Essence: 50 of the Most Inspiring African-Americans*. New York: Essence Books, 2002.

Kane, Gordon L. *The Particle Garden: Our Universe as Understood by Particle Physicists*. New York: Basic Books, 1995.

McKeever, Susan, et al., eds. *The DK Science Encyclopedia*, London:

DK Publishing, 1998.
Veltman, Martinus. *Facts and Mysteries in Elementary Particle Physics.* River Edge, New Jersey: World Scientific, 2003.

시리즈 자문위원회

이 시리즈를 기획하고 발전시키는 데 수많은 훌륭한 분들이 시간을 내주고 조언해주었다. 시간과 재능을 나누어준 다음 분들에게 감사드린다.

〈전문가 자문단〉

맥신 싱어 Maxine Singer(자문단 위원장) 생화학자. 워싱턴카네기협회 전 회장.

새러 리 슈프 Sara Lee Schupf 새러리 기업Sara Lee Corporation의 수장으로 과학계 여성의 헌신적인 지지자.

브루스 앨버츠 Bruce Alberts 분자세포생명과학자. 미국 국립과학원 회장, 미국 연구위원회 회장(1993~2005).

메이 베렌바움 May Berenbaum 곤충학자. 일리노이 대학교(어배나, 샘페인) 곤충학과 학과장.

리타 R. 콜웰 Rita R. Colwell 미생물학자. 메릴랜드 대학교 및 존스홉킨스 대학교 석좌교수. 미국 국립과학재단 전 이사장.

크리슈나 포스터 Krishna Foster 캘리포니아 주립대학교(로스앤젤레스) 화학·생화학학과 조교수.

앨런 J. 프리드먼 Alan J. Friedman 물리학자. 뉴욕과학관 관장.

토비 혼 Toby Horn 생명과학자. 워싱턴 카네기협회의 과학교육 카네기 아카데미 공동 소장.

셜리 잭슨 Shirley Jackson 물리학자. 렌셀러 폴리테크닉 연구소 소장.

제인 버틀러 케일 Jane Butler Kahle 생명과학자. 마이애미 대학교(옥스퍼드, 오하이오) 과학교육학과 교수.

바브 랭그리지 Barb Langridge 하워드 카운티 도서관 어린이 전문가. WBAL-TV 어린이 도서 평론가.

제인 루브첸코 Jane Lubchenco 오리건 주립대학교 해양생물학과 동물학 교수. 국제과학협의회 회장.

프레마 마타이-데이비스 Prema Mathai-Davis 미국 YMCA 전 회장.

마르시아 맥너트 Marcia McNutt 지구물리학자. 몬터레이만 아쿠아리움 연구소 소장.

팻 스캘스 Pat Scales 사우스 캐롤라이나 예술인문 거버너스 스쿨 도서관 서비스 회장.

수전 솔로몬 Susan Solomon 대기화학자. 미국 국립해양대기청 초고층 대기 물리학 연구소의 원로 과학자.

셜리 틸먼 Shirley Tilghman 분자생명과학자. 프린스턴 대학교 총장

게리 휠러 Gerry Wheeler 물리학자. 국립과학교사협회 전무이사.

〈도서관 자문단〉

미국 전역의 많은 학교와 공공 도서관이 샘플 디자인과 본문을 친절하게 검토해주었고, 책의 포맷에 관한 질문에 답해주었으며, 책을 발간하는 동안 계속해서 전문적인 자문을 해주었다.

배리 M. 비숍 Barry M. Bishop 도서관 정보 서비스 팀장, 스프링 브랜치 교육청(휴스턴, 텍사스)

대니타 에스트먼 Danita Eastman 어린이 책 평가사, 로스앤젤레스 카운티 공공 도서관(다우니, 캘리포니아)

마사 에드먼드선 Martha Dedmundson 도서관 서비스 코디네이터, 덴튼 공공 도서관(덴튼, 텍사스)

달시 페어 Darcy Fair 어린이 서비스 매니저, 벅스 카운티 도서관(야들리, 펜실베이니아)

캐슬린 핸리 Kathleen Hanley 스쿨 미디어 전문가, 코맥 로드 초등학교, (아이슬립, 뉴욕)

에이미 라우티트 존슨 Amy Louttit Johnson 도서관 프로그램 전문가, 플로리다 주립 도서관 및 기록 보관소(탤러해시, 플로리다)

매리 스탠턴 Mary Stanton 청소년 전문가, 자료 선정 사무국, 휴스턴 공공 도서관(휴스턴, 텍사스)

브랜다 G. 툴 Brenda G. Toole 교육 미디어 서비스 감독관(파나마시티, 플로리다)

〈학생 자문단〉

이 시리즈를 비평하고 평가함으로써 도움을 준 다음 학교와 기관의 학생들에게 감사드린다. 디자인과 이야기 진행에 관한 피드백(개선을 위한 정보나 의견)이 본 프로젝트를 진행하는 데 지대한 영향을 미쳤다.

아그네스 어윈 스쿨(로즈먼트, 펜실베이니아)
라콜리나 중학교(샌타바바라, 캘리포니아)
하커데이 스쿨(댈러스, 텍사스)
중부 메릴랜드 걸스카우트, 주니어 걸스카우트 지구대 #545
중부 메릴랜드 걸스카우트, 주니어 걸스카우트 지구대 #212

도판의 출처

표지 Mark McCarty Photography; 9 Lucent Technologies Archives; 10 Courtesy Gloria Joseph; 14 U.S. Department of Agriculture; 16(왼쪽) Courtesy Gloria Joseph; (오른쪽) U.S. Department of Agriculture; 18 Courtesy Gloria Joseph; 19, 20 Library of Congress; 21, 22, 23, 25, 28, 32(위) Courtesy Gloria Joseph; 32(아래) © Bettmann/Corbis; 34, 36 Courtesy Gloria Joseph; 38 Roosevelt High School Yearbook, 1964; 40, 42, 43, 45, 46 Courtesy Gloria Joseph; 48 Courtesy MIT Museum; 50 Courtesy Gloria Joseph; 54(위) © Bettman/Corbis; 54(아래), 57, 64, 68, 69, 72, 75 Courtesy MIT Museum; 78 Courtesy Gloria Joseph; 80 Courtesy MIT Museum; 83, 84 © Bettmann/Corbis; 87, 90, 92, 94, 97, 99, 101, 103 Courtesy MIT Museum; 108 Reidar Hahn; 113 Reidar Hahn; 114 Courtesy Fermilab; 117, 118 © CERN Geneva; 119 © Jose Fuste Raga/Corbis; 120 © CERN Geneva; 124, 128, 130 Lucent Technologies Archives; 132, 138, 139 Courtesy Gloria Joseph; 143 NASA; 146, 150, 151, 152, 154, 155, 157, 160 Courtesy Nuclear Regulatory Commission; 164, 168 Mark McCarty/Rensselaer Polytechnic Institute; 169 Gary Gold/Rensselaer Polytechnic Institute; 170, 172 Courtesy Gloria Joseph; 173 Courtesy Rensselaer Polytechnic Institute

일러스트: Max-Karl Winkler

거침없이 도전한 여성 과학자 09
세상을 바꾸는 힘 : 물리학자 셜리 앤 잭슨

초판 발행 2017년 10월 20일

글쓴이 다이앤 오코넬
기획 한국여성과총 교육홍보출판위원회
옮긴이 한국여성과총 교육홍보출판위원회
강인숙 권오남 김인선 남영미 박진아 변인경 여의주 이숙경 이종은 조성경 최영림 홍은주
펴낸이 김정순
편집 허영수 주이상
디자인 김진영 모희정
마케팅 김보미 임정진 전선경
펴낸곳 (주)북하우스 퍼블리셔스
출판등록 1997년 9월 23일 제406-2003-055호
주소 04043 서울시 마포구 양화로 12길 16-9(서교동 북앤빌딩)
전자우편 henamu@hotmail.com
홈페이지 www.bookhouse.co.kr
전화번호 02-3144-3123
팩스 02-3144-3121

ISBN 978-89-5605-821-4 04400
978-89-5605-777-4 (세트)

* 본 출간 사업은 과학기술진흥기금 및 복권기금의 지원을 받아 진행되었습니다.

이 도서의 국립중앙도서관 출판시도서목록(CIP)은 서지정보유통지원시스템 홈페이지(http://seoji.nl.go.kr)와 국가자료공동목록시스템(http://www.nl.go.kr/kolisnet)에서 이용하실 수 있습니다.(CIP제어번호: CIP2017024767)